수학요괴전 1 : 스타 크리
에이터의 탄생

四则运算

[韩] 崔水日 编　[韩] 李韩律 著
[韩] 丁贤熙 绘　赵子媛 译

山东人民出版社 · 济南
国家一级出版社　全国百佳图书出版单位

前言

将数学概念连接起来，
人人都可以是数学小能手！

　　读者朋友们好，我曾是一名有三十多年教龄的中学数学老师。我发现许多高中生虽然数学题解答得很好，但数学概念掌握得不好。我认为数学教育存在非常大的问题，非常担心。不注重理解概念的数学教育，最终推着孩子们走上了放弃数学的道路。进入第四次工业革命时代后，数学思维的重要性日益显著，这个问题亟待解决。

　　究竟是从哪里开始出了问题？为了寻找问题的根源，我辞去教师一职，开始对小学数学进行集中性研究。在这个过程中，我注意到数学运算这个部分。比起理解数学概念，运算速度方面的竞争和重复性练习更容易让孩子厌烦。孩子如果还在上小学就对数学感到厌烦，进入中学后只能完全放弃。数学是一门循序渐进的学科，如果对某个概念认识不清，就无法完全理解相互联系的一系列概念。比起多做题、背公式，学习数学更重要的是理解数学概念、将不同的概念联系在一起并进行拓展。孩子从小学开始就应养成这个习惯。

　　《数学打怪大冒险》讲述了英勇的主人公宇智和宝润粉碎数学怪物想让人们放弃数学阴谋的故事。宇智是个惹祸精、淘气鬼，但为了守护数学，他无所不能；宝润勇敢、聪慧，帮助宇智解决问题。通过书中的冒险经历，可以接触到很多习题集里没有的数学概念。如果大家跟随宇智和宝润的脚步，逐步将数学概念联系起来，和他们一起用智慧击退数学怪物，那么在不知不觉中，你也能成为数学小能手。此外，在阅读书中有趣的漫画时，大家会逐渐发现隐藏在生活各个角落里的数学知识，对于"为什么要学习数学"这个问题也会有自己的思考。

在每章结尾处的"数学魔法小课堂"部分，我会对提到的数学概念进行总结。正文后的"思维导图"将书中所有的概念联系起来并进行拓展，大家可以跟着思维导图，试着将概念在脑海中结构化，亲自动手画一画会把概念记得更牢。看过宇智和宝润的打怪大冒险后，如果大家能和数学变得亲近，我会非常开心。

韩国首尔大学数学教育学博士

崔水日

快乐加倍，充满乐趣的学习方法！

1

开心地阅读漫画，注意方框！

为了消灭数学怪物，守护数学，数学魔法师挺身而出！只要跟着宇智和宝润享受有趣的冒险，就能在不知不觉中走近数学。在解决日常生活中可能出现的数学问题时，自然就会产生对数学的好奇心。

2

试着打开数学概念之门吧！

读完每个章节，都要认真整理从漫画中学到的数学概念。通过"首尾衔接"的概念，确认概念的联系纽带，聆听数学魔法师对必要内容的讲解，容易混淆的概念也能立刻记住！

3 选出自己好奇的数学问题，一起问问崔博士吧！

书中列举了小学生们觉得很难和好奇的问题，由崔博士亲自解答。通过阅读这些问题及回答，可以培养认知能力。

4 跟着"概念连接思维导图"，试着画一画吧！

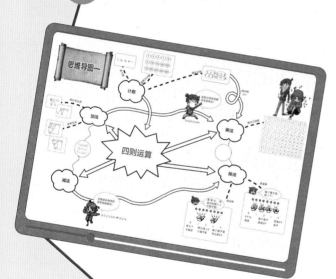

正文后的思维导图将书中出现的所有数学概念都集中在一起并联系起来。读完正文，请大家查看思维导图，将概念结构化并亲自画一画，体会所有学到的概念在脑海中相互联系的过程，相信你们一定能够感受到其中的乐趣。

5 "概念连接地图"，小学数学概念一目了然！

随书附赠一张小学数学概念地图，在这张地图上，课本与书中概念的联系一目了然。大家可以打开地图，一边看一边想象接下来应该用什么概念去冒险。

人物介绍

韩宝润

宇智的好朋友，一名优秀的数学魔法师，随身带着封印数学怪物的怪物手册。做事非常细心，很有计划，看到不正义的事情就会毫不犹豫地挺身而出。为了帮助鲁莽的宇智，她一直在努力学习。

全宇智

本书的主人公，一位爱惹祸的淘气鬼。他是一名拥有极高天赋的数学魔法师，能够消灭迫使人们放弃数学的怪物。他运营着有百万订阅者的数学科普频道"数学打怪大冒险"，向订阅者传播数学的乐趣。

崔博士

数学教育学博士，研究出连接概念的数学学习法，带头帮助放弃数学的人们，也是带领宇智走上数学学习之路的人。在开办数学教育研究所的同时，指导宇智和宝润打怪作战。他还很喜欢说冷笑话。

宋盈盈

数学教育研究所的研究员，负责制造宇智一行的特殊护目镜等打怪装备，还负责剪辑上传到"数学打怪大冒险"频道的视频。

目录

序幕

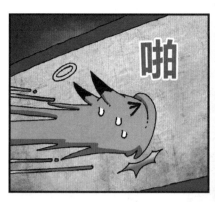

啪

房间都满了，没有空位啊！

什么？
又满了？

唉，这老掉牙的卷轴无法扩大空间。我总不能因此停止捉怪物啊！

卷轴满了就不好玩了！干脆全部清空，再重新填满吧！

唰

唰

都给我出来吧，怪物们！

第1章

闪亮登场！
面包店的计数混乱

计数

怎么又做了那个梦?
每次都被同一个人追赶,
然后掉下去。
那个爷爷到底是谁?
不过……

这次在梦里使用了新的数学魔法卡!我要向爸爸炫耀!

全宇智　12 岁
永远开朗、乐观的主人公

11

我们的儿子宇智可是很厉害的。

宇智将来肯定会成为光耀门庭的伟大人物。

怎么总爱胡思乱想？

哈哈哈哈

如果爸爸真的那么想，其实已经实现了。

因为年仅 12 岁的我已经是拥有百万订阅者的视频创作者了呀。

数学打怪大冒险
突破百万订阅数

可不是嘛！

谁能管管这对父子？

虽说将这个作为兴趣挺好的，但我只希望宝贝儿子能平安、健康。

你就快上初中了，是不是应该停止恶作剧，专心学习？

啊呀，老妈！

让我们来解决!

超 帅 气

你们能解决吗？人这么多，怎么解决呀？

我叫到的人请到前面来，按顺序站好。

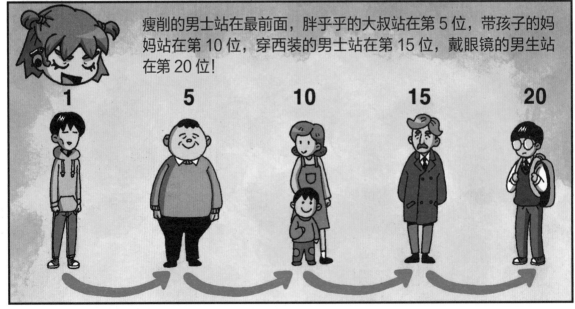

瘦削的男士站在最前面，胖乎乎的大叔站在第5位，带孩子的妈妈站在第10位，穿西装的男士站在第15位，戴眼镜的男生站在第20位！

1   5   10   15   20

接下来由我指挥！请大家与旁边的人隔开一些距离。

背黄色背包的女士站在第 4 位，戴帽子的男士站在第 8 位，那位长发淑女站在第 12 位，戴眼镜的老人站在第 16 位！

1　　4　5　　　8　　10　12　　15　16　　　20

其余的人请找到自己前后的人，在对应的位置上站好。

我在学生后面。

我在那位淑女前面。

站在我前面的人好像戴着帽子。

确实变回原本的排队顺序了！

大家都找到了自己的位置！真是帮了我们大忙！

你是怎么办到的呀？可以跟我说一下你的秘诀吗？

秘诀？这可不是什么秘诀呀，这是大家都知道的东西。

作为数学魔法师，在任何情况下都有寻找数学知识的习惯。

1　2
3　4
（只数）
5

4　8　12　16　20
（腿数）

一看到排队的人，喜欢奇数的宝润

5　10　15　20

仔细地观察人们的特征，以 5 个人为 1 组进行跳跃式计数。

至于喜欢偶数的我，

4　8　12　16　20

以 4 个人为 1 组进行跳跃式计数。

然后将两种跳跃式计数的结果结合起来，
就可以轻松恢复当时的排队顺序。

真厉害，不愧是数学魔法师！
集体鼓掌

虽然我也学过跳跃式计数，但真没想到竟然可以这样运用。

在日常生活中发现数学知识更有意思哟！

唰 唰 唰 唰 唰

……

好像有什么东西从人们头上飞过？

难道是心理作用吗？

请下一位顾客点餐。

果然很会数面包。

账也算得很好。

请给我拿 10 个红豆面包。

好，请稍等。

这是 10 个红豆面包，一共 9990 魔法币。

谢谢你。

你刚才用了 2 个为 1 组和 3 个为 1 组的计数方式！

是吗？不愧是数学魔法师，一眼就看穿了。

你数学这么好，怎么会怕数学怪物呢？

其实，平时计算并不难。但是，在某个瞬间，我的大脑会一片空白……

就是……当那位客人来的时候……

它在用头发吸走素美的智慧！

所以素美大脑一片空白！

发抖

浑身

你要是敢坏我的事，我一定不会放过你！嘿嘿嘿嘿嘿！

果然是娃娃怪物！这家伙每次都在素美害怕的时候过来干扰她！

喂！你为什么要缠着素美？

嘻嘻，你想知道吗？

我曾经在市场上卖糕点，还要照顾生病的母亲和年幼的弟弟们，独自撑起一个家。那时，我很聪明，也很会做生意，所以我的生意很好。

当时，我研发的鲫鱼饼大获成功。

为了买我的鲫鱼饼，人们每天蜂拥而来，排起长队。

可是，队伍一长，人们就等不及了。

我们到底要等多久？

那也没办法，我无能为力。

真是的。

这个……我不太清楚……

某天，旁边突然开了一家和我竞争的店，他们厚颜无耻地模仿我的鲫鱼饼，售卖一模一样的产品。

那家店的特别之处是——他们在等候的队伍中竖起很多块牌子，上面写着排在不同位置的人需要等待的时间。人们非常喜欢这一点。我不知道这个等待时间究竟是怎么推算出来的。

等待时间
10 分钟

等待时间
20 分钟

渐渐地，人们都涌进了隔壁的店铺。没过多久，我的生意就黄了。

将愤怒和委屈埋在心底的我……就这样成了一个怪物……

已经过了很久……某天，我偶然经过这家面包店，看到这个女孩，突然想起了将我气得变成怪物的那家店铺。

我真是越看越生气。我讨厌这个会做生意的女孩！

虽然你的遭遇令人惋惜，但解决这个问题的方法简单得连小学生都会，你竟然因为不懂这个而变成怪物。

简……简单？！

隔壁店铺的人就是利用这个来计算等待时间的。

估算就是计算大致数值。举例来说，当眼前出现长长的队伍时，

如果1个人的等待时间大约为1分钟，

1分钟

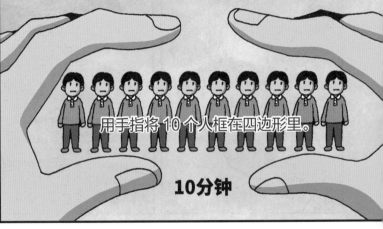

那么10个人的等待时间大概为10分钟吧？

用手指将10个人框在四边形里。

10分钟

按照框出来的四边形的大小，将人们分成 10 人 1 组。

然后在组与组之间竖起等待时间标示牌即可。

就是这张估算卡！

像现在这样，根据确定的钱数挑选物品时，就可以用估算的方法。

"郭算"？

例如，将 1350 按 1500 算，将 1120 按 1000 算。用线段表示的话，应该很容易理解。

1350 → 按 1500 算
1120 → 按 1000 算

更接近数字 1000。

更接近数字 1500。

1120   1350

1000   1500

不是"郭算"，是估算啦！

就是不计算准确的数目，只推算大概的数目即可。

素美，你自己试试。估算卡会帮助你。

好的！我来试试看！

请根据奶奶给的 17000 魔法币，按种类挑选面包吧。

栗子面包
每个 2990 魔法币

奶油面包
每个 1990 魔法币

红豆面包
每个 990 魔法币

我要先估算一下面包的价格，以便结账。

 栗子面包的单价是 2990 魔法币，按 3000 魔法币算。

 奶油面包的单价是 1990 魔法币，按 2000 魔法币算。

 红豆面包的单价是 990 魔法币，按 1000 魔法币算。

每种面包各装 2 个的话，

2 个栗子面包：约 3000 魔法币 + 约 3000 魔法币 = 约 6000 魔法币。
2 个奶油面包：约 2000 魔法币 + 约 2000 魔法币 = 约 4000 魔法币。
2 个红豆面包：约 1000 魔法币 + 约 1000 魔法币 = 约 2000 魔法币。

6 个面包的总价约为 12000 魔法币，那么奶奶给的钱还剩 5000 魔法币。

17000 魔法币 −12000 魔法币 = 5000 魔法币。

5000 魔法币能多买几个面包呢？

还能再买 1 个栗子面包（约 3000 魔法币）或者 2 个奶油面包（约 4000 魔法币），也可以再买 5 个红豆面包（约 5000 魔法币）。

1 个

2 个

5 个

既然如此，广受好评的栗子面包和奶油面包就再各拿 1 个吧。

1 个栗子面包约 3000 魔法币。
1 个奶油面包约 2000 魔法币。

刚好是 5000 魔法币。

加起来刚好是 17000 魔法币！

3个   3个

2个

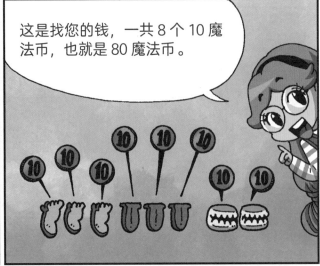

这是找您的钱，一共 8 个 10 魔法币，也就是 80 魔法币。

奶奶，给您面包。您和孙子们好好享用吧。

递过去

小小年纪居然这么会算账，还很善良。谢谢你，好孩子。

突然想起了我奶奶，她已经去世了。

我在学校里学过估算。很高兴这次能够真正运用并理解这个知识点。

看到你笑得这么开心，我们也很高兴。

首尾衔接的概念

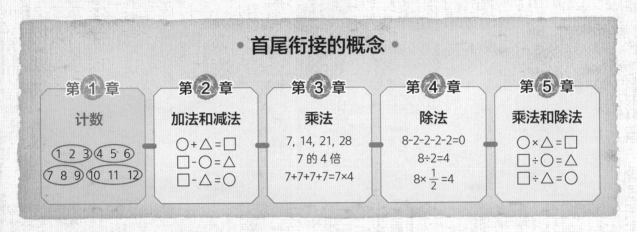

① 组合计数

计数时，我们可以逐个数，也可以几个几个地数。

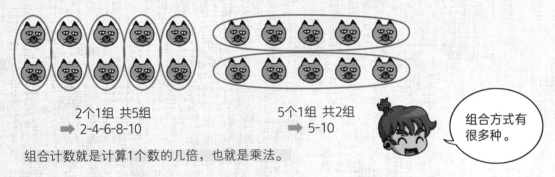

2个1组 共5组
➡ 2-4-6-8-10

5个1组 共2组
➡ 5-10

组合方式有很多种。

组合计数就是计算1个数的几倍，也就是乘法。

2-4-6-8-10，总数是2的5倍，也就是$2+2+2+2+2=2\times5=10$。

3-6-9-12，总数是3的4倍，也就是$3+3+3+3=3\times4=12$。

② 估算

估算是在进行准确的运算之前，用大概的数值进行推算，适合用来检验计算结果是否有误。例如，在准确计算318+587之前，先估算300+600，得到的答案是900，由此可知结果应该是和900很接近的数字。所以，如果像右边的式子这样得出的结果为8915，我们就知道自己算错了。

$$\begin{array}{r} 3\ 1\ 8 \\ +\ 5\ 8\ 7 \\ \hline 8\ 9\ 1\ 5 \end{array}$$

?!

至于29×53这样的乘法运算，如果提前进行估算，我们就能知道答案是接近30×50=1500的数字。因此，如果像右边的式子这样得出的结果为2077，我们就要重新进行准确运算。

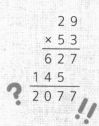

```
      2 9
    × 5 3
    ─────
    6 2 7
  1 4 5
  ─────────
  2 0 7 7
```

 逐个数也能得出结果，为什么要组合在一起数呢？

在日常生活中，我们经常会遇到需要数清东西个数的情况，例如买东西的时候或者和朋友数画片张数的时候。如果物品的数量很多，逐个数需要很长时间。这时，利用组合计数的话，可以减少计数的次数。计数的次数越多，越容易出错。

 计数时，既可以以2个为1组，也可以以3个为1组，这2种方式有什么区别呢？

例如，总数为30个的时候，按每组2个来算，会出现15组；按每组3个来算，会出现10组。单个组合中的个数越多，组合数就越少，计算也会更方便。

 估算只能用于验证计算结果吗？

这倒不一定，我们也可以在需要快速计算的时候使用估算。估算是将复杂的计算转换为简单形式的计算方法，可以快速确定准确结果的大致范围。此外，在日常生活中，测量物品的大小或重量以及测量距离或计算时间的时候也经常用到估算。

第 2 章

加减运算？
电梯里的神秘第四人

加法和减法

在那种情况下，你们使用估算卡正是时候。

那个场面很戏剧化，视频剪辑也很容易。

崔博士
概念连接数学教育研究所所长

嘿嘿！

宋盈盈
概念连接数学教育研究所研究员

宋研究员，你把肉眼看不到的怪物通过动画特效展现出来，真是辛苦了！

没错，看起来像真的怪物一样，特别真实！

怪物护目镜的分辨率升级后，看得更清楚了。

对了，上次被撕破的魔法卡怎么样了？修好了吗？

真不愧是专家！

哈哈哈！

当然啦！

43

数理市
挑叮
战叮
当

挑战叮叮
当比赛会
场到啦！

听说这个比赛是
用马道秀代表捐
赠的巨额赞助金
举办的？

那个坏家伙！谁
知道他又在打什
么坏主意。

今天是一年一度的重
要日子！听说熬夜做
数学题的话，一辈子
都能学好数学！

谁会信这种鬼
话？！还不是
为了吸引眼球。

真的吗？

竟然是高档汽车？！

挑战叮叮当冠军奖品

听说因为这个大奖，很多家长让孩子参加比赛。

人们的关注点还真是离谱。

马道秀！你到底想干什么？！

熙熙攘攘

我们的座位在4层吧？赶紧过去坐下。

哎呀，我想去洗手间。

哎哟！

你们知道座位号吧？

直接去座位上就行。

你们先上去吧，我去趟洗手间。

那个……我也想去。

他就不该提什么洗手间……

我们同时出来了呀，真是心有灵犀！

有意思吗？赶紧坐扶梯走吧。

快看，那里有电梯。坐电梯应该会更快。

咻
咻
咻
咻

咻

门正好开了。

快来!

那种角落里怎么会有电梯？

哎哟!

谁呀？！真没礼貌!

嗖嗖

嘀 嘀 嘀

吓我一跳！

这不是 4 人用的电梯吗？只坐了 3 个人，怎么就提示超重了呢？

260 KG

定员4人
载重
260千克

嘀 嘀 嘀

这电梯是不是坏了！3 个小孩子的重量怎么可能超过 260 千克啊！不管是这家伙，还是这部电梯，都让人讨厌！

咦？

定员4人
载重
260千克

宇智，咱们算算这个电梯多算了多少重量吧！

小菜一碟！

电梯的核定载重量是 260 千克。

260 KG

宇智重 44 千克，

44

47

旁边那位男生的体重按 47 千克算，

宝润重 42 千克，

42

?

就能算出错误的部分！

没错！

你看！相差127千克！这像话吗？

就算这部电梯出故障了，它也已经坏了好一阵子了吧！

260 KG

嘀 嘀 嘀

难不成空气还能有127千克重？

嘎吱

啊！宇智，也许不是空气的重量。

啊？说什么呢？！

难道是那个？

嗖

51

啊！有怪物！

嗞 嗞

唰

啊！它跑了！

门关上了。

警示音也停止了。

啊 啊

原来你们也能看到？

什么啊？

那家伙是什么人？！

我本来很喜欢数学，但是，有一天，我看到了那个怪物。从那时起，数学就变得特别可怕。

我叫金东浩。

每次做错数学题，都会被大人训斥。

日复一日，我失去了信心。但是，在收到这次大赛的邀请函后，我才知道怪物的真实身份。

那个怪物名叫三时。

三时平时躲在人类体内。人类一旦入睡，它就去告状，让人类受到惩罚。

我体内的三时总是趁我睡着，偷偷告发我做错数学题的事，让我被妈妈和老师训斥。

知道这个事实后，我怕得睡不着。

听说只要今天熬夜答对所有的问题，就能赶走三时。

你们会相信我，对吗？

邀请函

那家伙竟然是个爱打小报告的数学怪物。

嗯，真过分啊。

东浩收到的邀请函是马道秀亲自寄给他的。

真的吗？难不成真有什么问题？

概念地图
让孩子一眼爱上数学！

像游戏打怪一样学会：
四则运算·分数与比·几何图形·周长面积

在数理城中，怪事频发，数学难题化身挑战孩子的怪物。
解决一道数学难题，就是一次打怪升级，
每一页都给孩子数学概念和数学思维的新玩法！

数学打怪大冒险		涵盖人教版数学教材知识点
数学打怪大冒险·第二册	第1章	三年级上册 第八章 分数的初步认识
		五年级下册 第二章 因数和倍数 第四章 分数的意义和性质 第六章 分数的加法和减法
		六年级上册 第一章 分数乘法 第三章 分数除法
	第2章	六年级上册 第四章 比
	第3章	二年级上册 第一章 长度单位 实践 量一量，比一比
		三年级上册 第一章 时、分、秒
	第4章	二年级下册 第八章 克和千克
		六年级下册 第四章 比例
	第5章	六年级下册 第六章 百分数（一）
		六年级下册 第二章 百分数（二） 实践 生活与百分数

数学打怪大冒险		涵盖人教版数学教材知识点
数学打怪大冒险·第一册	第1章	一年级上册 第三章 5以内数的认识和加减法 第五章 6~10的认识和加减法 第六章 11~20各数的认识 第八章 20以内的进位加法
		一年级下册 第七章 找规律
		二年级上册 第七章 万以内数的认识
		三年级上册 第二章 万以内的加减法（一）
	第2章	一年级下册 第二章 20以内的退位减法 第四章 100以内数的认识 第六章 100以内的加减法（一）
		二年级上册 第二章 100以内的加减法（二）
		三年级上册 第四章 万以内的加减法（二）
		四年级上册 第一章 大数的认识
	第3章	二年级上册 第四章 表内乘法（一） 第六章 表内乘法（二）
		三年级上级 第五章 倍的认识 第六章 多位数乘一位数
		三年级下册 第四章 两位数乘两位数
		四年级上册 第四章 三位数乘两位数
	第4章	二年级下册 第二章 表内除法（一） 第四章 表内除法（二） 第六章 有余数的除法
		三年级下册 第二章 除数是一位数的除法
		四年级上册 第六章 除数是两位数的除法
	第5章	二年级下册 第五章 混合运算
		四年级下册 第一章 四则运算 第三章 运算定律

数学打怪大冒险		涵盖人教版数学教材知识点
数学打怪大冒险·第三册	第1章	一年级上册 第二章 认识图形（一）
		一年级下册 第一章 认识图形（二）
		四年级下册 第五章 三角形
	第2章	三年级上册 第七章 长方形和正方形
		四年级下册 第五章 平行四边形和梯形
	第3章	二年级上册 第三章 角的初步认识
		四年级上册 第三章 角的度量
	第4章	二年级上册 第一章 长度单位 实践 量一量，比一比
		三年级下册 第五章 面积
	第5章	五年级上册 第六章 多边形的面积

数学打怪大冒险		涵盖人教版数学教材知识点
数学打怪大冒险·第四册	第1章	二年级上册 第三章 角的初步认识
		四年级上册 第三章 角的度量 第五章 平行四边形和梯形
		四年级下册 第五章 三角形
	第2章	三年级上册 第六章 多位数乘一位数 第七章 长方形和正方形
		三年级下册 第二章 除数是一位数的除法
	第3章	二年级下册 第五章 混合运算
		三年级上册 第二章 万以内的加减法（一）
		四年级下册 第一章 四则运算
	第4章	二年级下册 第三章 图形的运动（一）
		四年级下册 第七章 图形的运动（二）
		五年级下册 第五章 图形的运动（三）
	第5章	五年级上册 第六章 多边形的面积
		六年级上册 第五章 圆

"挑战叮叮当"是一个通宵解答数学题的生存问答大赛。大家在这里考验一下自己的学习毅力吧！在大赛开始前，先请为此次大赛提供物质和精神支持的举办方上台致辞。

让我们热烈欢迎马道秀代表！

马道秀
数理市企业家

各位，想致富就来学数学吧！如果想学好数学，就请大家在明天早上之前答对50道题吧！

最后的胜利者将会获得大奖——高档汽车！

天哪！

一共有多少个数相加啊？

竟然还有时间限制！这是什么创意数学大赛吗？

脑袋真的不会爆炸吗？

嘀嘀咕咕

竟然说什么考验学习的毅力，这不就是道再简单不过的计算题嘛！谁愿意做这种题目啊？！

郁闷

我先来！一点儿时间都不能浪费！

啊！我也要做！

还有我呢！

哇哇哇哇

嘿嘿嘿！这群人就像扑火的飞蛾。

像火焰一样燃烧起来吧！

10分钟后

10分钟到了，请停止答题！

请参赛者亮出答案！

啊啊啊！我连一半都没做完！

这么快？

非常遗憾。第一道题就淘汰了半数参赛者。请淘汰者戴上面具吧。

根本做不完！

哎呀，我全都做错了！

我连数字都不想看到！

所以才是惩罚呀！

哎哟！戴上面具后，突然觉得数学好恶心！

看来戴上面具的参赛者都不能安静地站着呀！这是要跳舞吗？

宇智，你快看！那些戴着面具的人好奇怪！

我也看到了！很可疑啊！

不会吧？希望不是我想的那样。

拜托，希望别出什么问题。

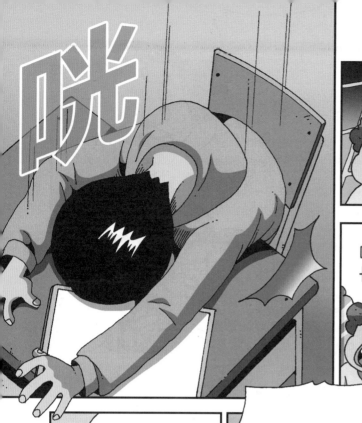

哈哈哈！可能是被这么长的题目吓晕了！

好像睡得很香。

最后一位参赛者金东浩弃权！很可惜，这次大赛没有获胜者！

马道秀代表！

本来是为了驱赶睡意举办的大赛，冠军候选人竟然睡着了。

这不是崔博士嘛！

全宇智和韩宝润也来了。好久不见，孩子们。

马道秀！你又在搞什么鬼？

你肯定是在用这副面具搞鬼，我可都知道！

这里有三时怪物，我们可是看得清清楚楚！

哈哈哈！

这么想知道的话，就认真调查一下吧！这不正是抓数学怪物的魔法师们应该做的事吗？

先告辞了！

假惺惺地说为了数学，每次都在搞鬼！

作为数学守护者，我们不能袖手旁观。

咦？

那不是东浩吗？

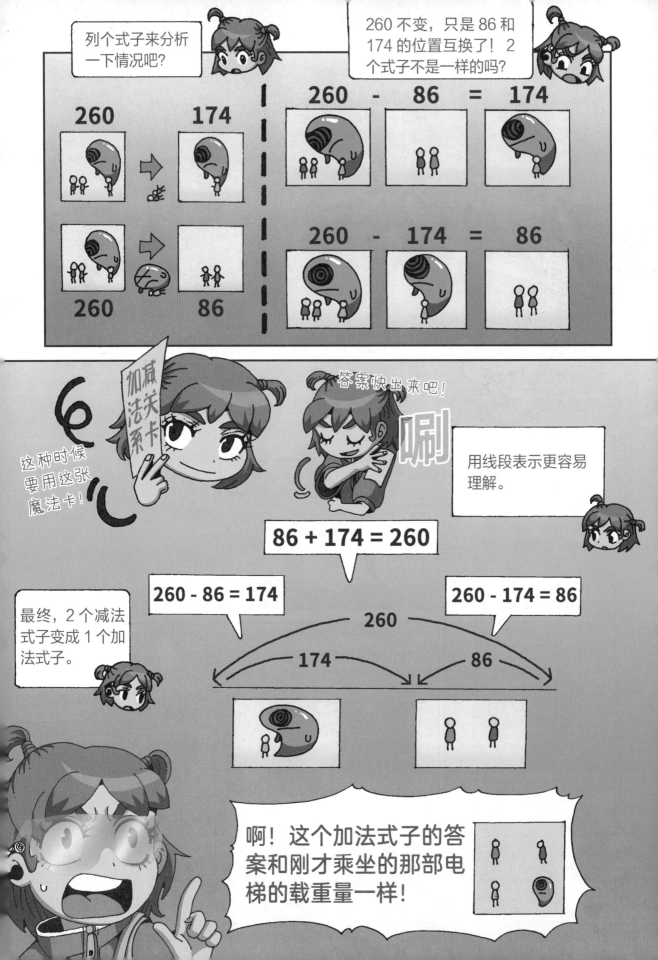

这个房间就是刚才的电梯呀！是这个怪物变出来的！

你说什么？！

嘿嘿嘿！真厉害，数学魔法师！

嘎吱嘎吱

这是什么？

有 3 只怪物吗？

我们是三时王三兄弟！你们竟敢坏我们的好事，我们一定不会放过你们！

果然是你们在会场里放出了那么多怪物！我要让你们尝尝魔法卡的厉害！

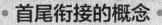

首尾衔接的概念

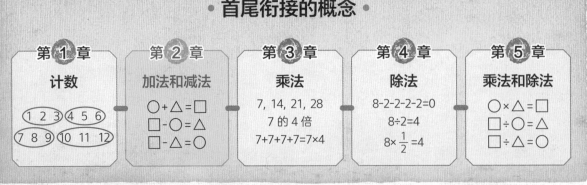

① 拆分与合并

拆分与合并（也叫凑整）是加法和减法运算中常用的一种简便方法，在数字进位时极其重要。

在计算8+7时，将前面的8分成5和3，再将3和后面的7相加，得到10，然后加上剩下的5，就能算出结果是15。另外，将7分成2和5，再通过同样的过程，也可以算出答案是15。

② 加法与减法

在做加法和减法时，经常会用列竖式的方法，因为这是最准确、快速的方法。但是，通过列竖式不能培养思考能力。为了培养思考能力，我们必须通过各种方法练习计算。

先将相同位置上的数字相加，再合并结果。

先将十位上的数字相加，再将个位上的数字相加，最后合并结果。

通过拆分与合并，凑出整十或整百，再加上剩下的数字。

③ 加法与减法的关系

减法就是一种反向的加法。例如，计算260-86，只要反过来想想86加几等于260。

$$260-86=\square \iff 86+\square=260(\square+\triangle=\blacklozenge \iff \blacklozenge-\triangle=\square \ 同时 \ \blacklozenge-\square=\triangle)$$

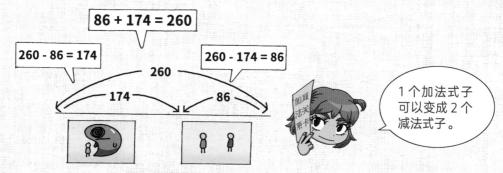

1个加法式子可以变成2个减法式子。

 计算时一定要从前到后依次计算吗？

计算的基本原则是从前到后依次计算。但是，就像 2+3=3+2，将 2 个数字前后互换也可以。除了基本原则，还有几项不同的规则，利用这些规则可以更方便地计算。例如，计算 37+89+63 时，37 和最后的 63 相加得 100，所以 3 个数相加得 189。要是从前到后依次计算，恐怕要经历更复杂的过程吧？

 运算时经常出错，怎样才能减少错误呢？

算错数的最大原因是没有准确理解运算原理。只是为了快速计算而死记硬背的话，并不能掌握运算原理，反而会频频出错。在做运算题时，比起训练速度，准确理解更重要。掌握好运算原理，运算速度自然会得到提升。

第 3 章

千钧一发！
古董店的乘法智斗

乘法

买来时是卷轴，后来我把它做成了册子。

为了让每一页尺寸相同，费了好大劲儿，折得我手疼。

这个之前竟然是卷轴啊！

怪不得和普通的书不太一样。

这里……不是刚才经过的地方吗？

是啊，我们好像在这个地方来回绕圈，这已经是第3圈了。

落丽火吕义文意元差……

喂！别用奇怪的魔法！总觉得会招来怪物啊！

我小的时候……

这是宋研究员告诉我的找路魔法，不就得在这时候用嘛。

这里的每件古董都有它们各自的故事。现在我来出题，请你们答答看吧。

通过知识问答介绍古董是我们店铺的传统哟。

为什么让我们回答？

古董在漫长的岁月中听到各种传闻，知道很多事情，它们很有灵性。如果答对问题，古董也许会告诉你们修理方法。

真挑剔啊。

真的吗？

喂，这里好奇怪啊，我们还是走吧。

来吧！请问这把扇子有多少个后代？

嘁嘁

什么后代呀？

扇子怎么会有后代呀？

错！

第一个问题答错了，这把扇子有5个后代。

什么呀？

这不是您瞎编的吗？

81

来，下一道。

这是用来困住三时怪物的物品，你们猜猜它是什么。

三时怪物？您刚刚说的是三时怪物吗？

你们也知道三时怪物吗？按理说小孩子应该不怎么知道它……

哈哈……

三时怪物是寄生在人身上的怪物，每到除夕，就会趁人们睡着时，告发人们犯下的罪行。要想阻止三时告状，就要熬夜。如果孩子们睡着了，大人们就会用面粉将眉毛涂白，戏弄孩子们。

不会吧？怎么一天玩10个小时游戏！

我们来抓你了！

乖乖跟我们走吧！

那件古董到底是什么呀？是不是魔法卡一类的东西？

砰

千万别碰扫帚和杵头！它们是非常可怕的"拐物"！

啊？"拐物"？

又是您胡乱编造的词语吗？

这是什么？

什么声音？

嘿嘿嘿！金师傅害怕啦！

金师傅，好无聊呀，我们来玩你问我答吧？

你问我答？这么突然？

怪物们就是用不停提问的方式来打倒对方的！

哎哟，太可怕了。

你们想修复那个卷轴对吧？想知道方法的话……

就来猜猜我的年龄吧。

真的吗？

原来你知道方法啊！我来猜猜看！

好吧！

哎哟！好可怕的游戏！

迎春花每年开1次，到现在为止，迎春花开15次这件事我已经看过19次了。那么，我的年龄是？

乘法计算需要很长时间吧？嘿嘿嘿。

15 x 19

哈哈！只要了解乘法运算的原理，不用乘法也能很快知道答案！

锵锵

乘法其实就是相同数字的加法！

$15 \times 19 = 15+15+15+15+15+15+15+15+15+15+15+15+15+15+15+15+15+15+15$

啪

好厉害呀！不过，将这些数字相加19次，要加到什么时候？

哎呀！很简单啊！

嗞嗞

15 × 19 其实就是 15 × 20 再减去 15！

最后用拆分合并卡收尾！

$15+15+15+15+15$
$15+15+15+15+15$
$15+15+15+15+15$
$15+15+15+15+15$

$15 \times 20 = 300$

$15 \times 19 = 15 \times 20 - 15$

$= 300 - 15$

$= 280 + 20 - 15$

$= 280 + 5$

$= 285$

哎呀！竟然有这种方法！

蓝裤子怪物的褶子多74道！

当啷

我的天哪！

哇，太厉害了！

我都起鸡皮疙瘩了。

快把修复方法交出来！

别这样，再来一局！

不行！你怎么总是不讲信用！

这次比比谁先答对吧！

都说了不行！快告诉我们！

那我加个条件——如果你们赢了，我告诉你们三时怪物的弱点，怎么样？

你说什么？！

最后再来一局，如果你们赢了，我就告诉你们修复卷轴的方法和三时怪物的弱点。不过，要是你们输了……

就把你们的灵魂交出来吧!

阴 险

嘿嘿 嘿嘿

还是到了这一步,现在无法回头了!

灵……灵魂吗?

不想试试看吗?你们不是连续答对了两道题嘛,多幸运呀。

嘿嘿 嘿

宇智呀,情况不妙,我们还是走吧。

……

我接受你的提议！
傲慢的怪物们！

哈哈哈！这就对了嘛！
这样才像个数学魔法师！

是时候请出题人
上场了。

出题人？

这没有眼力见儿的
胜负欲啊！

那个……是什么啊？！怎么从背上的褶子里出来一个人！

这是跟我赌输的人的灵魂。背上的褶子其实是我们抢来的灵魂。

说不定今天能多一道褶子。

简直是个疯子！这根本就不是正常的数学怪物呀！

请听题……

254 个怪物各找金师傅买了 3 个花盆。那么，金师傅一共卖了多少个花盆呢？

762！

7……

你答对了！

我们赢啦！

做得好，宇智！

看来你们不用交出灵魂。

这……这本该是个快乐的游戏啊。

你们至少该输一次吧！

别废话，快点儿兑现诺言！

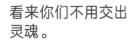

万能卡变的网竟然被他们用蛮力撕烂了!

和三时怪物战斗的时候也是这样。难道我的能力变弱了?不对啊,分明是遇到的怪物越来越厉害了!

快收下这个!

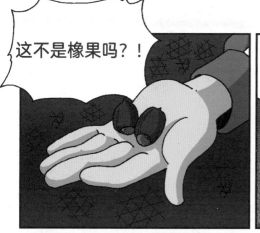

这不是橡果吗？！

别让它们看见橡果，转身用力咬，声音要大！

咬橡果吗？

咔嚓咔嚓

啊啊啊！是房屋倒塌的声音！

快逃！

看来很有效嘛！怪物们被扰乱了！

是时候了！万能卡！快变成两张网！

唰唰

啊啊啊

这回成功了！

我来用怪物手册封印它们！

虽然它是坏的……

怎么回事？居然无法封印！看来坏了就用不了了！

怪物手册，快封印它们！

闪烁

咣当

棱

扑

棱

！

又……没抓住……

啊啊啊！ 难道我的能力真的变弱了吗？

怪物手册什么时候能修好啊！

万能卡现在是不是也不管用了啊？

那个……

原来你们是数学魔法师。

怪物手册……

我来试着修一下吧。

啊？

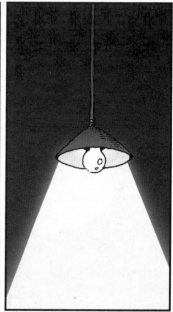

斩
新

给。

你的手真巧！

谢谢你！

我也很惊讶。这个方法我也只是从父亲那里听说过，没想到真能修好。

好神奇……

要是我早些帮你们修好，就能抓住怪物了。

对不起呀，我应该早点儿认出两位数学魔法师，但我不能轻易放松警惕。

其实，发现这个卷轴的人正是我父亲。

这家店是他开的。

啊，原来你们是父女。

哦，你们听过这个卷轴的传说吗？

什么传说？

我也是听我父亲说的……

数百年前，这个卷轴的主人是一位很贪玩的魔法师，他随意放走了被囚禁在卷轴里的怪物们。就这样，被放出来的怪物们成了现在的数学怪物。

真的吗？

原来就是那个魔法师害我们这么辛苦啊。

还弄得人们那么讨厌数学。

那个坏魔法师到底是谁！

等等！如果他是魔法师，说不定已经成了顶级魔法师，可能还活着吧？

三时怪物背后出现的那股强大的力量，也许就是那个魔法师！

有这个可能。

我一定要弄清他的真实身份！

这个坏魔法师！

请收下这个。

这是用来捆住卷轴的金绳。

一直由我父亲保管着。

虽然过了很长时间，它依然金光闪闪的。

啊！

金光闪闪

宇智，这个应该很适合你，你拿着吧。

怪物手册已经变成书了，没必要捆起来。

好帅呀。

真的很适合你，就像你是它的主人一样。

不知道为什么，戴着这个，感觉很快就能找到那个坏魔法师！

等着瞧吧，坏家伙！

对了！刚刚您说有一件和三时怪物有关的古董……

啊！

就是这个，可以在除夕那天将眉毛涂白的面粉。

其实不是什么古董，是我用过的。

几分钟后

该跟你们道别了，还真有点儿不舍。路上小心呀。

我们会再来玩的。

那我们先走啦。

啊，对了，还有一件事……

数学魔法小课堂 乘法

首尾衔接的概念

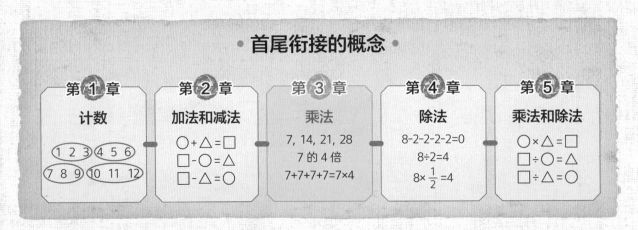

第**1**章	第**2**章	第**3**章	第**4**章	第**5**章
计数	加法和减法	乘法	除法	乘法和除法
1 2 3 4 5 6 7 8 9 10 11 12	○+△=□ □-○=△ □-△=○	7, 14, 21, 28 7 的 4 倍 7+7+7+7=7×4	8-2-2-2-2=0 8÷2=4 8×$\frac{1}{2}$=4	○×△=□ □÷○=△ □÷△=○

① 乘法是将相同的数字相加

乘法就是将相同的数字相加!

$7×8=7+7+7+7+7+7+7+7$

像7+7+7+7+7+7+7+7这样的加法,是将数字7相加8次的计算。如果用跳跃式计数的方法相加,虽然可以算出7、14、21、28、35、42、49、56,但如果要相加70次,就很难做到。将数字7相加8次和7的8倍是一个概念,所以用7×8这样的乘法计算更方便。

② 乘法口诀表

从0到9的自然数的乘法口诀是所有乘法的基础。

×	0	1	2	3	4	5	6	7	8	9
0	0	0	0	0	0	0	0	0	0	0
1	0	1	2	3	4	5	6	7	8	9
2	0	2	4	6	8	10	12	14	16	18
3	0	3	6	9	12	15	18	21	24	27
4	0	4	8	12	16	20	24	28	32	36
5	0	5	10	15	20	25	30	35	40	45
6	0	6	12	18	24	30	36	42	48	54
7	0	7	14	21	28	35	42	49	56	63
8	0	8	16	24	32	40	48	56	64	72
9	0	9	18	27	36	45	54	63	72	81

崔博士问答时间!

一定要背乘法口诀吗？背了却想不起来怎么办？

在记不清一些数学概念的时候，要考虑其原理。请想想乘法是如何形成的：本来是加法，后来变成了乘法，乘法的本质就是将同一个数字反复相加。例如，记不清 7×3 等于多少时，将数字 7 相加 3 次就可以。因为 7+7+7=21，所以可以得出 7×3=21。

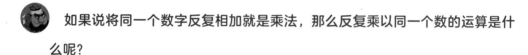**如果说将同一个数字反复相加就是乘法，那么反复乘以同一个数的运算是什么呢？**

这是一个很好的问题。乘法的出现是为了简化将同一个数字反复相加的运算。例如，将数字 3 相加 9 次，也就是 3+3+3+3+3+3+3+3+3，用乘法可以简单地写成 3×9。将 3 乘 9 次的话，也就是 3×3×3×3×3×3×3×3×3，这种较长的乘法式子可以用乘方的形式简单地写成 3^9。有关乘方的知识以后会学到。

听说比起只背 0 到 9 的乘法口诀，背到 19 对解题更有帮助。

19 段乘法表应该是流行于印度的乘法表吧？背诵乘法口诀是计算各种乘法的基础。虽然很难背，但是背会之后不仅可以计算乘法，还可以快速计算除法。然而，可以用 19 段乘法表计算的问题，用九九乘法表也可以算出来，所以没必要背诵 19 段乘法表。

第4章

除法之战！
数学魔法师身世之谜

除法

最近，怪物的力量突然增强了。

概念连接 数学教育研究所

好像有强大的幕后主使。

我们怀疑就是那个曾经是卷轴主人的坏魔法师。

他是将怪物们放走的罪魁祸首。

所以，可能是卷轴的主人操纵着这些被放走的怪物。

他不是几百年前的人吗？

是他让人们讨厌数学？

我在三时怪物身上感受到了不亚于顶级魔法师的巨大力量。

他可能变成了顶级魔法师。

我们还是得先找到那个魔法师。

这就是新品——变身水晶泥"黑暗能量"！只能成套购买，每套13盒！

请问一共卖多少套呀？

嗯……这个嘛……

将57盒水晶泥按种类分成1套13盒捆绑出售的话，

最多能卖几套呢？

看来大人们的数学也不怎么好。

他好像需要帮助。

这种时候直接用除法就可以啦。

57÷13

除法卡

只要贴上这张魔法卡，就能轻松地算出来。

除法卡

啪

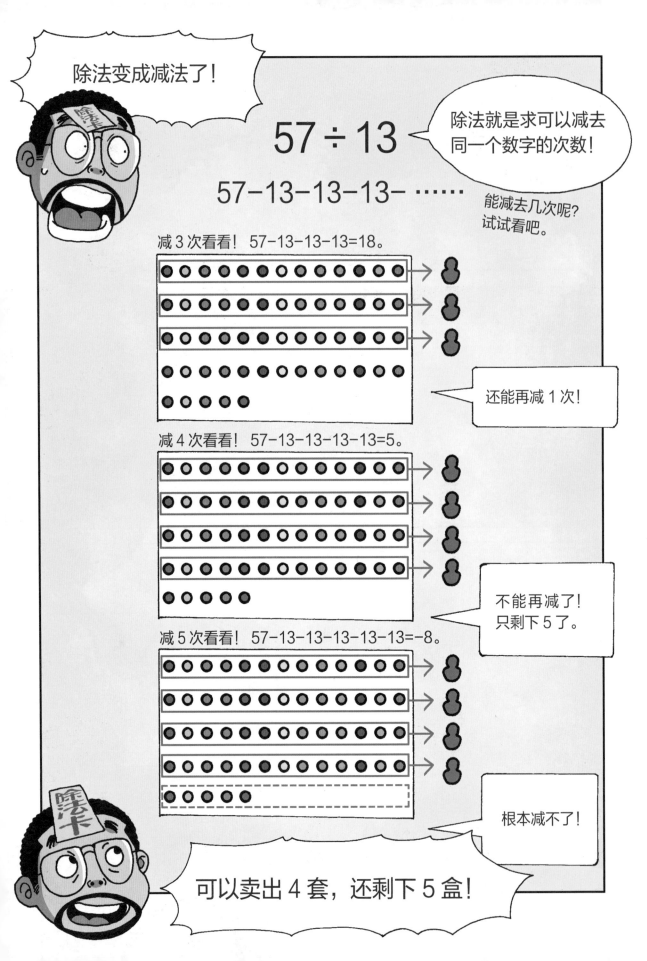

好可惜啊！我排在第5位！

幸亏从昨晚就开始排了！

唉，我好想买到啊！

只有前世拯救过世界的人才能买到水晶泥吗？

只有4套，先到先得。

多谢呀，孩子们。这种魔法卡多少钱？我全要了。

要给我的店供货吗？酬劳丰厚哟。

啊，这个不卖啦。

我们只是帮个忙。

都含茂店长，

这么快就卖光了，祝贺你。

马道秀代表！

最近过得怎么样？

怒目

最近过得怎么样？

不过，您是怎么知道的呀？从您那里拿到的 57 件货物都卖掉了！

我本来就想再订购一些。

您上次订购得太少了，当然很快就会卖光。

我就知道会这样，所以提前带过来了！变身水晶泥"黑暗能量"！

啊，会不会太多了？

满满当当

嗯……

嗯 嗯 嗯

嘻 嘻 嘻

我看完了，谢谢你。

啊……好的。

什么呀？居然直接走了？

闹哄哄

怎么会有这么荒唐的人？

好可惜呀。

121

不一定非得在外面找，看看怪物手册里面怎么样？怪物手册里的怪物中总会有认识那个魔法师的吧？

抱歉，偷听了你们的谈话。

其实，我是抓捕怪物的猎人。刚才我在那本手册里感受到了怪物的气息，于是跟来了。我才知道，原来你们是魔法师。

你是刚才那位？

你怎么过来了？

我也用那个方法抓过几次坏怪物。

那个方法太危险了，被放走的怪物会乖乖地回来吗？

嗯，翻看怪物手册能找到线索吗？

不，怪物一出来就要用万能卡给它们戴上脚镣。

做起来哪有这么容易呀！

不能光发愁，总得试着做些什么呀！

怪……
怪物啊！

全宇智魔法师！你什么时候把我关起来的？这又是什么？！

你……你认识我吗？

我把你关起来？

什么时候啊？

但是你确实很面熟啊。

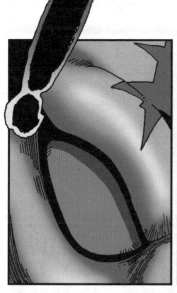

哈哈哈！我明白了！把我关起来的是你的祖先！

祖……祖先？！

你们竟然同名同姓，还长得一模一样！

真是天大的报应啊！

这样看来，这个怪物和我梦里经常出现的那个怪物很像啊。

但是……

如果我的祖先是卷轴的主人……不就说明……

我是坏魔法师的
后代？！

谢了，宇智！

我是你的祖先。

我是你的
祖先。

什么？！宇智的祖先
竟然是卷轴的主人？
他的祖先就是 500 年
前的那个魔法师？

这小鬼居然
是传说中的
那位魔法师
的后代？

哼！这是什
么鬼话！

啊！

呜呜……

哆嗦

哆嗦

别逗了！我可是抓怪物的数学魔法师！我的祖先怎么可能把怪物都放走！

嘿嘿，你不是经常在梦里见到我吗？那是你祖先的记忆。你祖先的部分能力似乎遗传给你了……还记得你在梦中从我这里抢走的狐狸宝珠吗？

最重要的是那根金绳！

那可是从全宇智魔法师的衣服上拔下来的线，见到主人的后代，它似乎很开心呀！

哈哈哈！

嗡嗡嗡

啊！

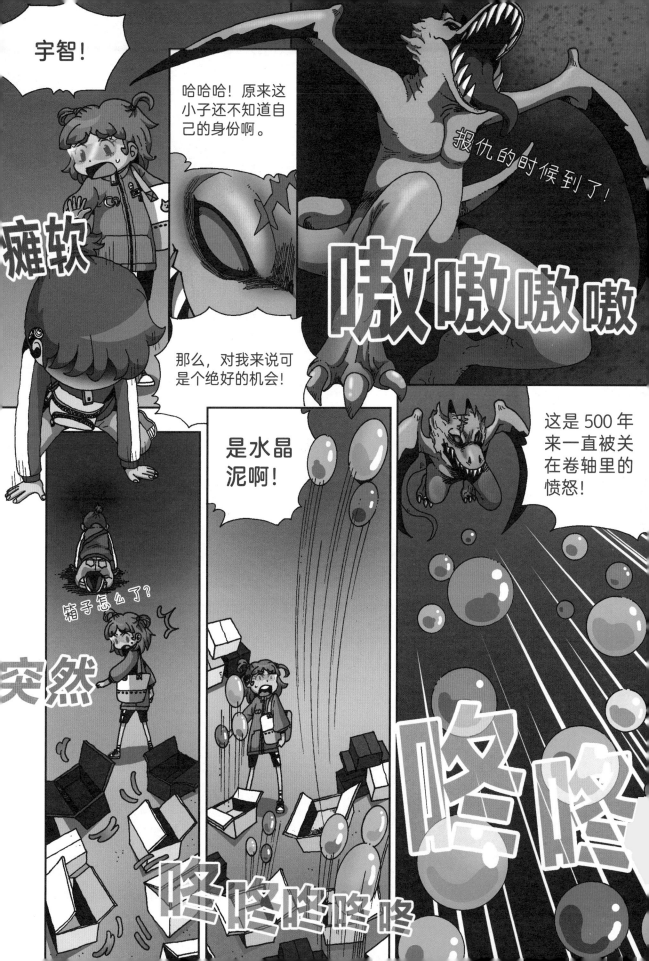

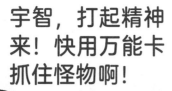

宇智，打起精神来！快用万能卡抓住怪物啊！

摇晃

摇晃

我来试试吧！万能卡！快变成网！

不好！它们散开躲过了！

唰

又聚集起来了！光靠我的力量根本不行。

砰

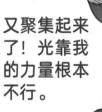

要找到方法才行。

131

把水晶泥塞进箱子里吧。

吓我一跳！

3个为1组，放进5个箱子里。

一共5个箱子，每个箱子里跑出来3只，所以用乘法！

出现了分身材料！

乘法

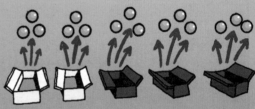

$$3 + 3 + 3 + 3 + 3 = 15$$

都去哪里了？！

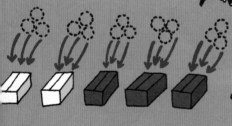

除法

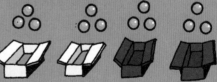

$$15 - 3 - 3 - 3 - 3 - 3 = 0$$

受了刺激，似乎变成天才了！

你什么时候数了水晶泥和箱子的数量啊？

以3个为1组，重新放回箱子里，就用除法！

因为乘法和除法互为逆运算，所以可以求出……

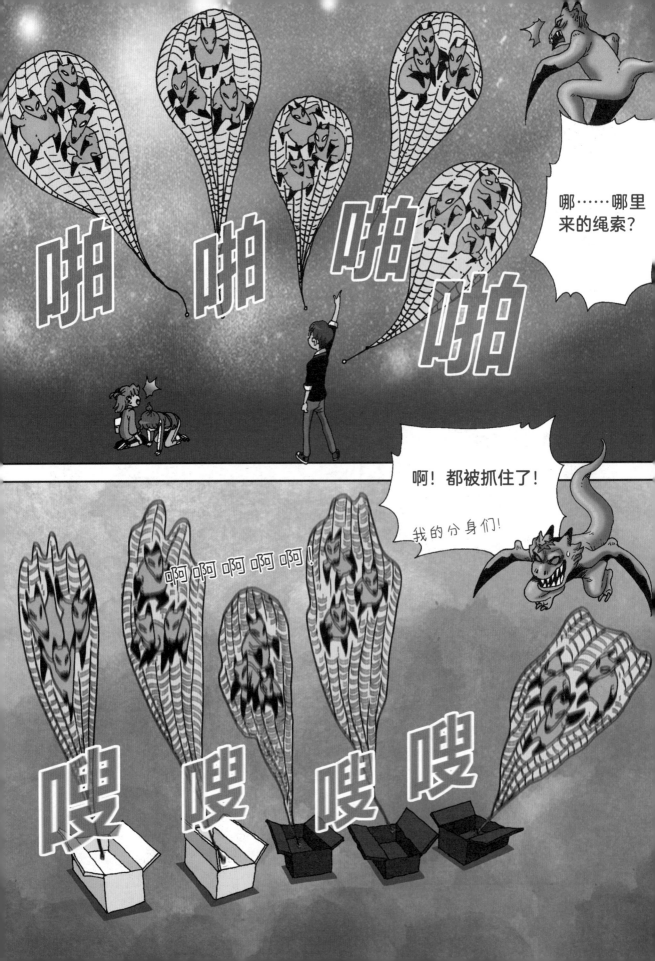

和……和宇智说的一样！他也会用数学魔法卡！

哪来的臭小子！竟敢关押我狐狸王的分身！

嗖

这种魔法卡第一次见！

啊！

那……那个是？

啊！

不……不可以！

啊啊啊啊！

嗖嗖嗖

砰

嗖

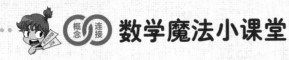 数学魔法小课堂  除法

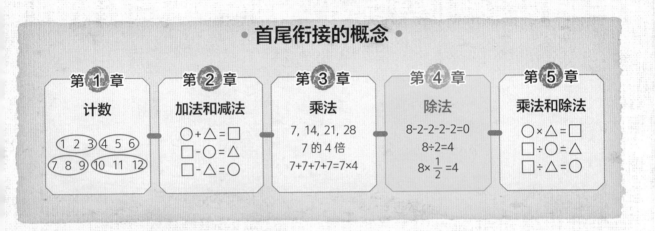

首尾衔接的概念

第 1 章 计数	第 2 章 加法和减法	第 3 章 乘法	第 4 章 除法	第 5 章 乘法和除法
①②③④⑤⑥ ⑦⑧⑨⑩⑪⑫	○+△=□ □-○=△ □-△=○	7, 14, 21, 28 7 的 4 倍 7+7+7+7=7×4	8-2-2-2-2=0 8÷2=4 8×$\frac{1}{2}$=4	○×△=□ □÷○=△ □÷△=○

① 除法的基础是减法

正如加法是乘法的基础，减法是除法的基础。

将相同的数字相加就是乘法，计算一个数能将相同的数字减去多少次就是除法。

8÷2就是计算8减去几个2等于0。

因为8-2-2-2-2=0（减了4次），所以8÷2=4。

② 等分除与包含除

虽然以下2种情况不同，但结果都可以用8÷2=4来表示。

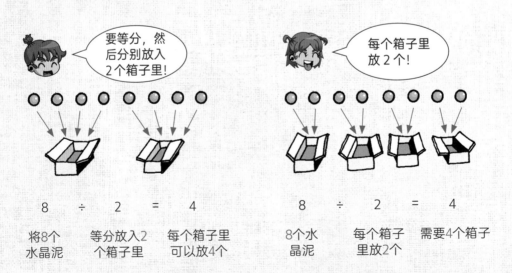

| 8 | ÷ | 2 | = | 4 | | 8 | ÷ | 2 | = | 4 |

| 将8个 水晶泥 | 等分放入2 个箱子里 | 每个箱子里 可以放4个 | | 8个水 晶泥 | 每个箱子 里放2个 | 需要4个箱子 |

③ 除法与分数的关系

12的四分之一是多少呢？

12的四分之一是将12分成4份后选取其中1份。如图所示，将12个苹果平均分，1份有3个，一共有4份。这和12÷4的道理是一样的。

总而言之，除法与分数非常相似。

崔博士问答时间！

 像 12÷5 这样无法整除的情况，该怎么写答案呢？

有很多种写法。如果问的是份数和剩余数量，那么将 12 尽可能减去 5 之后，求出剩下的数是多少就可以。最多可以减掉 2 次，剩下 2，所以可以写成"分成 2份，剩余 2"。如果不必计算剩余多少，也可以用分数的形式表示，即 $\frac{12}{5} = 2\frac{2}{5}$。

 为什么学乘法时既有趣又算得很快，学除法却又难又累？

四则运算的最后一项是除法。除法不是立即产生的，而是通过减法或乘法形成的，其形成过程非常复杂。因此，与其他 3 种运算方式相比，确实更难。另外，由于在运算中加法和乘法是不断增大的过程，而减法是一种反向加法，所以比加法难。除法也是一种反过来的计算，所以会让人觉得不自然、很难。因此，我们必须集中注意力，充分理解其概念。

第5章

互逆运算！
八大高手的阴谋

乘法和除法

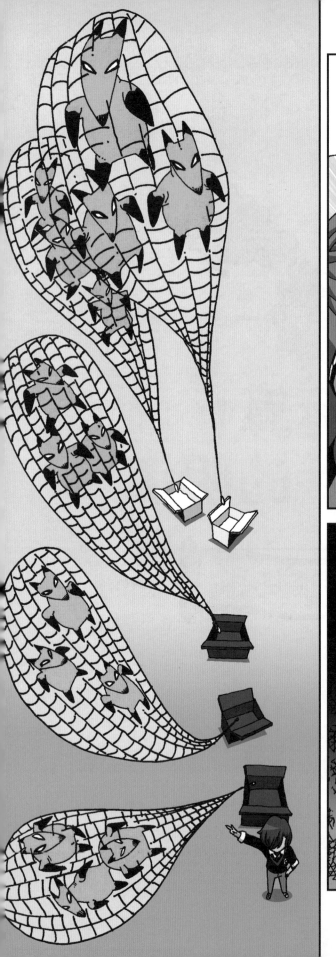

竟然能把学习用的数学魔法卡当作万能卡使用!

你到底是什么人?

顶⋯⋯顶级魔法师？！这不是所有魔法师的梦想吗？

原⋯⋯原来是顶级魔法师啊！很荣幸能见到您！我是初级魔法师韩宝润！

谢谢您刚才的帮助！

怪不得您自带"神圣光环"！

叽叽喳喳

不⋯⋯不过，顶级魔法师先生，您会把刚才封印起来的狐狸怪物还给我们吧？它本来就是这个手册里的家伙嘛。

虽然我只是个初级魔法师，您是顶级魔法师，但职业道德⋯⋯

哼哼。

每只怪物都很珍贵，不然我会被宇智骂。嘿嘿嘿。

不行，我要制作数学怪物。

什么？

我是为了抓捕这家伙才故意跟过来的。

是我听错了吗？顶级魔法师为什么要制作邪恶的数学怪物？

不是说数学是珍贵的"魔法药丸"吗？我们应该保护人们免受数学怪物的侵扰才对呀。

他在说什么呀？

哼！

146

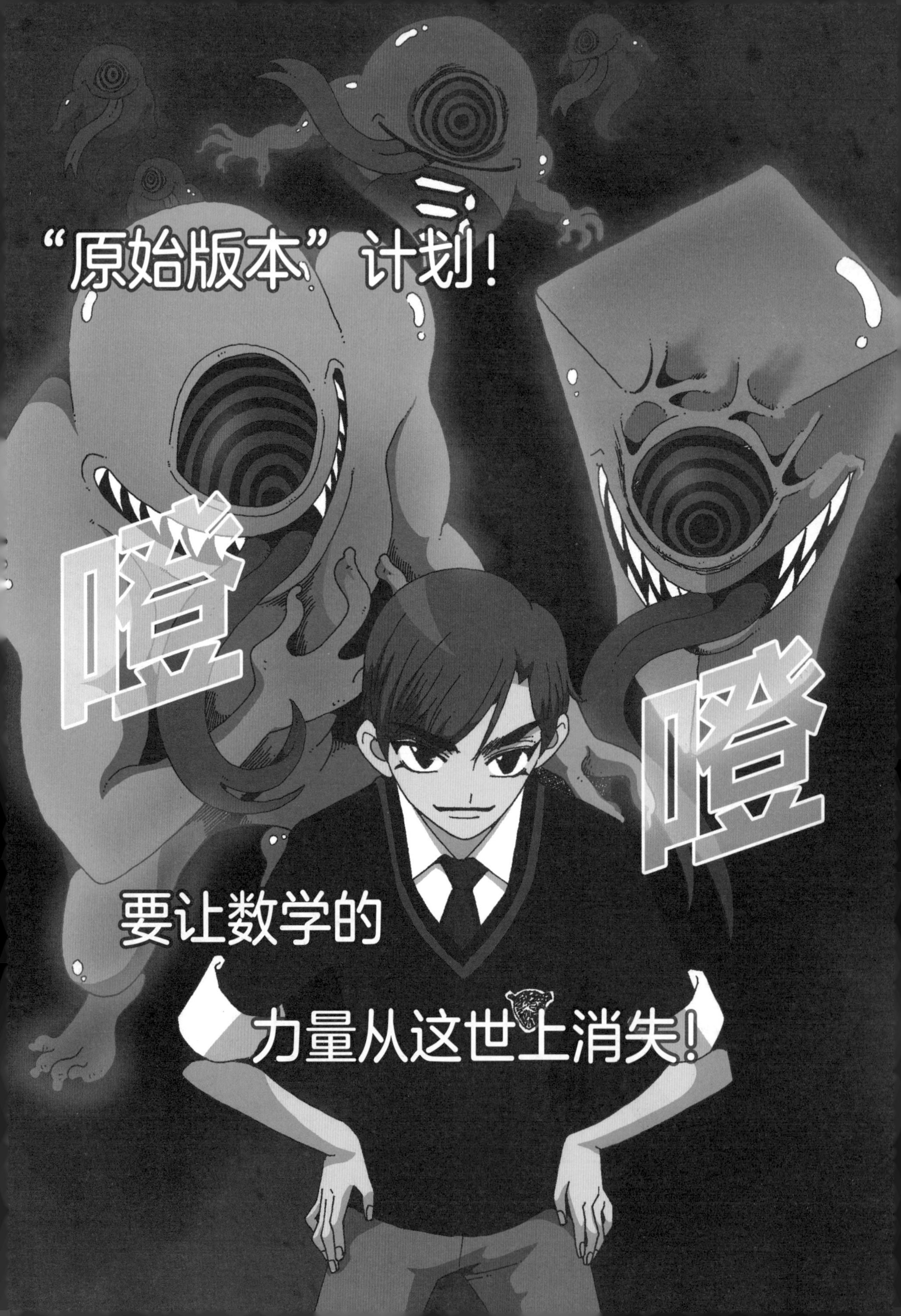
“原始版本”计划！
噔
噔
要让数学的
力量从这世上消失！

咦？那不是三时怪物吗？！

原来是你！

嗖

嗖

你就是在背后操纵怪物的人！

恍然大悟

你就是我之前在三时怪物身上感受到的那股力量！

你这个堕落的顶级魔法师！怎么可以这样？！

堕……堕落？

我的道德可是满分啊。

居然要让数学的力量
从世上消失，你别做
梦了！只要本数学魔
法师还在，就不会让
这种事发生！

所以，你想怎
么做？

区区一个初级魔法
师，竟敢向本顶级
魔法师宣战？

噼 啪

黑箱子又散
发出了奇怪
的香气！

小心！这是刚才狐狸怪
物猖狂时散发的香气！

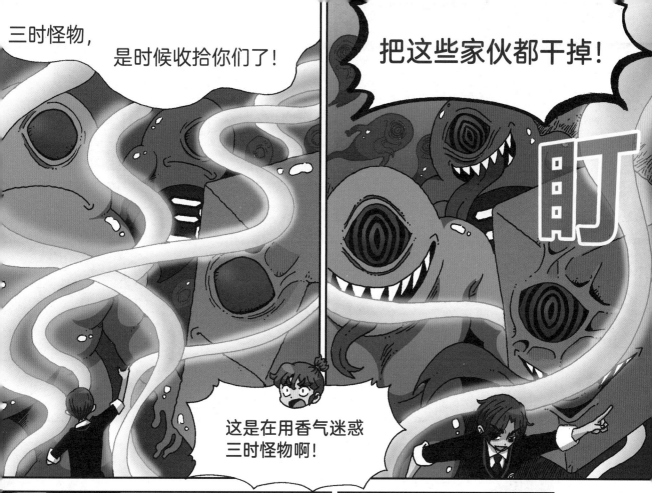

哐当

扑腾

哎哟！

啊！

韩宝润！

唰

啊！

嗖 嗖

呵呵呵

如果以为三时怪物只是擅长告状的普通怪物，那就太小看它们了。

三时怪物可是能将一些混乱想法强制注入人们体内，最终让人发疯的可怕寄生体！

不能打败三时怪物的魔法师绝对不可能成为顶级魔法师。

可能会失去生命……

全宇智，怎么样？你可是传说中的那位魔法师的后代啊！

无法打败三时怪物是因为用眼睛看不到它们!

三时怪物的触手不知会从哪里飞过来，防不胜防。

要想看到三时怪物，需要特殊的能力。

哎呀!

扑通

结束了。

你也不过如此。

本来还以为你多少会特别一些。

结果也不过是个普通的初级魔法师。

一骨碌

锵

锵
锵

锵
锵

不……不会吧?

成为顶级魔法师可是我们魔法师的梦想。与羡慕的对象较量，好神奇啊。

只是打败了三时怪物就沾沾自喜。虽然很难对付，但也不是不可能做到的事。

本来听说这家伙的祖先是传说中 500 年前抓住众多怪物的魔法师，还稍微期待了一下。有些失望呀。

我还有其他称号，数学天才、魔法天才之类的。

现在终于明白他的祖先为什么会把怪物们放出来了。一定和他一样，为人鲁莽又自大。

这是我用自己的聪明才智开发出来的魔法卡。

像这样贴在脚上……

抓狐狸的时候，你的魔法卡好像挺有用的！

你这个小偷！

咳咳！

怎么了？明明是你先把我抓住的狐狸怪物抢走了！

那只狐狸怪物可是重要的证人呀！

什么呀？这不就是除法卡吗？

怎么还拿了别的东西。

不过，样子确实比我的魔法卡更好看，顶级魔法师用的就是不一样。

你以为拿去就能用吗？

锵锵

我……我的魔法能力？！

这是什么？怎么被我吸过来了？

球变成
手了!

像磁铁一样牢
牢吸住了!

这究竟是
手铐还是
脚镣啊?

4 个球变成 2 个
1 组了!

没错,那是
2+2 加法卡!

原来是因为加法卡啊!

再加 2 如何?再加
1 张魔法卡吧!

我的祖先放走那些怪物，带来很多麻烦，我很抱歉。

我承认自己是坏蛋的后代！

虽然不清楚以前的事……

怎么突然这么真挚？

但是操纵被释放的怪物，试图消除数学的顶级魔法师们比我的祖先更可恶！

什么啊？

我不能……

咯
唰 唰

你想对我做什么？

这个嘛，你是顶级魔法师，我又没办法除掉你。你不是怪物，也无法封印你。

给我道歉！

道歉？

你必须发誓，以后不会再制造欺负人类的数学怪物。

哈哈！

顶级魔法师从不向人道歉。因为我们的所作所为无法用善恶来衡量。

不过……

我倒是可以破例向全宇智魔法师道歉。

心跳
加速

刚刚你承认祖先犯下的错误时，我看到了你的真心。

居然对几百年前的往事那么真挚。

对于这样的你，可以遵守礼节。

对不起……
（超小声）

？！

什么啊，就这样？！

这已经是最大限度的礼貌了！

那你快走吧。

真……
真的吗？

趁我还没改变主意，快走吧！

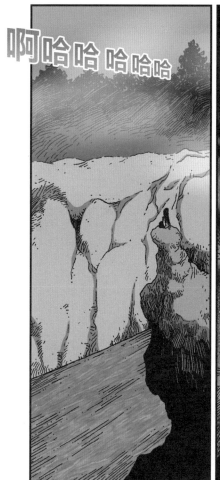

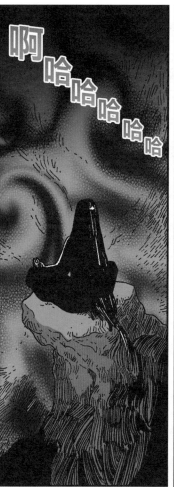

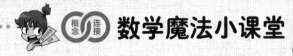 

乘法和除法

首尾衔接的概念

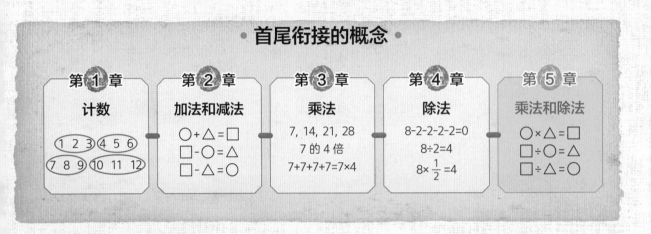

第1章	第2章	第3章	第4章	第5章
计数	加法和减法	乘法	除法	乘法和除法

第1章 计数
1 2 3 4 5 6
7 8 9 10 11 12

第2章 加法和减法
$\bigcirc + \triangle = \square$
$\square - \bigcirc = \triangle$
$\square - \triangle = \bigcirc$

第3章 乘法
7, 14, 21, 28
7 的 4 倍
$7+7+7+7=7×4$

第4章 除法
$8-2-2-2-2=0$
$8÷2=4$
$8× \frac{1}{2} =4$

第5章 乘法和除法
$\bigcirc × \triangle = \square$
$\square ÷ \bigcirc = \triangle$
$\square ÷ \triangle = \bigcirc$

① 乘法和除法的关系

加法与乘法、减法与除法有直接关系。

就像加法和减法互为逆运算，乘法和除法也互为逆运算。

原来不是只有加法和减法之间才有关系。

乘法和除法之间也一样！

加法与减法的关系		乘法与除法的关系	
加法	$\square + \triangle = \blacklozenge$	乘法	$\square × \triangle = \blacklozenge$
减法	$\blacklozenge - \triangle = \square$，$\blacklozenge - \square = \triangle$	除法	$\blacklozenge ÷ \triangle = \square$，$\blacklozenge ÷ \square = \triangle$

② 用估算乘法来做除法

我们一起来算算778÷18。

（1）估算一下可以用几整除。因为18×30=540，18×40=720，18×50=900，720更接近778，所以选择18×40=720。

（2）计算778-720，得58。

（3）计算58可以用几整除，因为18×2=36，18×3=54，18×4=72，54更接近58，所以选择18×3=54。

（4）计算58−54，得4。

因此，778÷18的商是43，余数是4。

验算：除数和商相乘，即18×43=774，再加上余数4，

正好是778，可以确定计算结果正确。

```
         4 3  ← 40+3
   18) 7 7 8
       7 2 0  ← 18×40
         5 8  ← 778-720
         5 4  ← 18×3
           4  ← 58-54
```

崔博士问答时间！

做乘法时的组合计数和做除法时反复减去相同的数字有关系吗？

有关系。在进行组合计数时，如果将已经算好的数字进行拆分，其实和做除法时减去相同数字的道理是一样的。也就是说，乘法中的组合计数和除法中的减去相同的数字只是角度不同。这就是乘法和除法的关系。

乘法和除法的关系可以用于计算除法吗？

可以。利用乘法和除法的关系，最终可以得出除法的商。不过，不使用乘法也可以求出除法的结果。将除法转化为减法的话，不用乘法就能算出结果。但是，如果数字太大，不停地减下去会很复杂，所以才会利用乘法来求除法的商。理解乘法和除法的关系有助于学习计算除法。

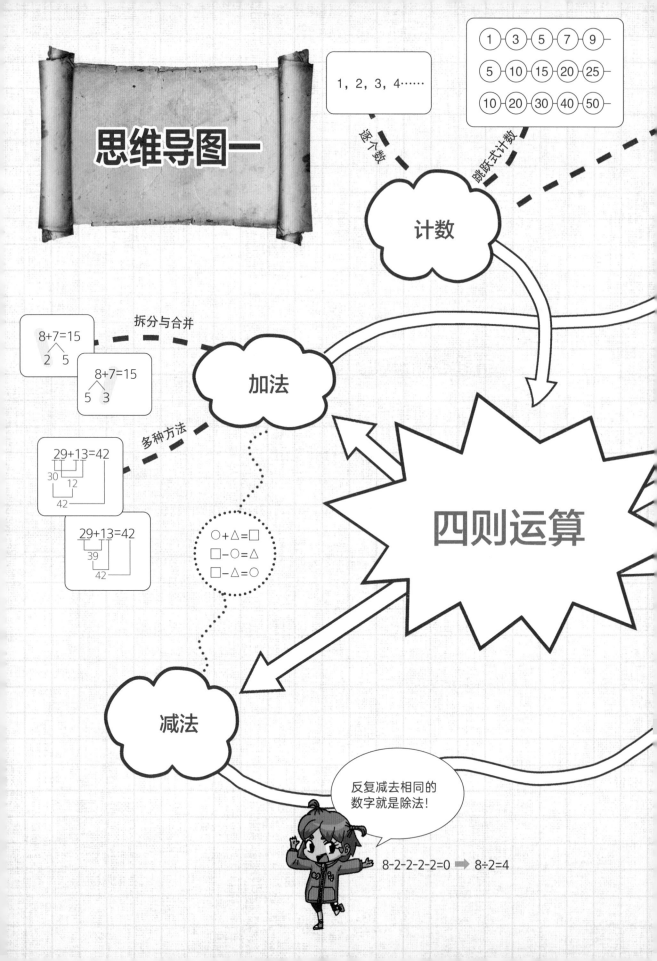

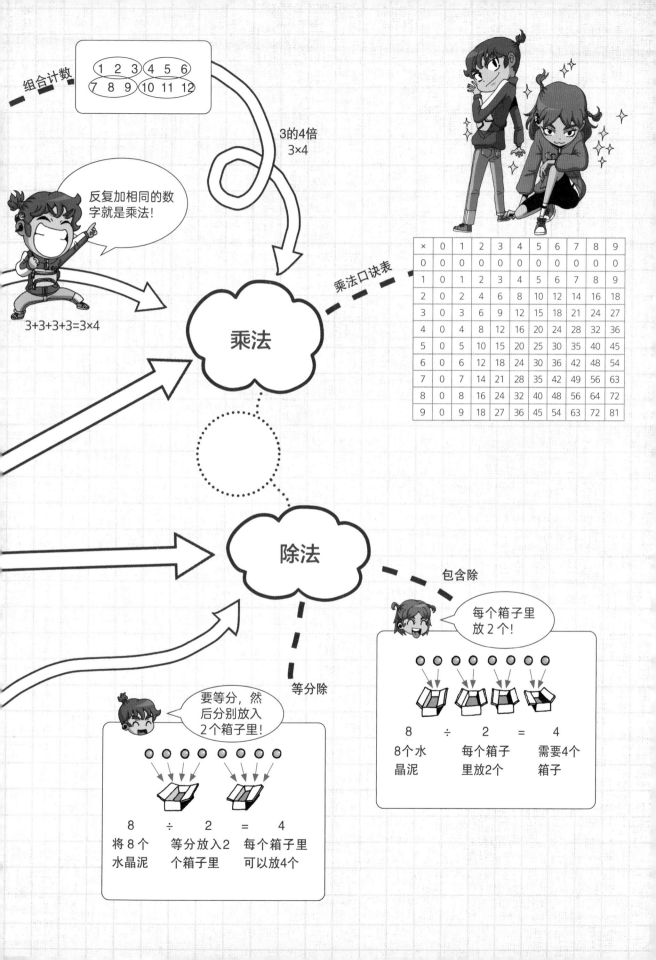

图书在版编目（CIP）数据

数学打怪大冒险.四则运算 ／（韩）李韩律著 ；
（韩）崔水日编 ；（韩）丁贤熙绘 ；赵子媛译． —— 济南 ：
山东人民出版社，2022.11
　ISBN 978−7−209−14043−0

　Ⅰ．①数… Ⅱ．①李… ②崔… ③丁… ④赵… Ⅲ.
①数学−儿童读物 Ⅳ．①O1−49

中国版本图书馆CIP数据核字(2022)第179326号

数学打怪大冒险·四则运算
SHUXUE DAGUAI DAMAOXIAN SIZEYUNSUAN
［韩］崔水日 编　　［韩］李韩律 著　　［韩］丁贤熙 绘　赵子媛 译

主管单位　山东出版传媒股份有限公司
出版发行　山东人民出版社
出 版 人　胡长青
社　　址　济南市市中区舜耕路517号
邮　　编　250003
电　　话　总编室（0531）82098914
　　　　　市场部（0531）82098027
网　　址　http://www.sd-book.com.cn
印　　装　天津丰富彩艺印刷有限公司
经　　销　新华书店

规　　格　16开（185mm×255mm）
印　　张　11.75
字　　数　147千字
版　　次　2022年11月第1版
印　　次　2022年11月第1次
ISBN 978−7−209−14043−0
定　　价　228.00元（全4册）
　　　　　如有印装质量问题，请与出版社总编室联系调换。

수학요괴전 2 : 우정의 기울기

分数与比

[韩]崔水日 编　[韩]李韩律 著
[韩]丁贤熙 绘　赵子媛 译

山东人民出版社·济南
国家一级出版社 全国百佳图书出版单位

人物介绍

韩宝润

宇智的好朋友，一名优秀的数学魔法师，随身带着封印数学怪物的怪物手册。做事非常细心，很有计划，看到不正义的事情就会毫不犹豫地挺身而出。为了帮助鲁莽的宇智，她一直在努力学习。

全宇智

本书的主人公，一位爱惹祸的淘气鬼。他是一名拥有极高天赋的数学魔法师，能够消灭迫使人们放弃数学的怪物。他运营着有百万订阅者的数学科普频道"数学打怪大冒险"，向订阅者传播数学的乐趣。

崔博士

数学教育学博士，研究出连接概念的数学学习法，带头帮助放弃数学的人们，也是带领宇智走上数学学习之路的人。在开办数学教育研究所的同时，指导宇智和宝润打怪作战。他还很喜欢说冷笑话。

和谈老师

崔博士的朋友，虽然他是传统文化研究专家这一点广为人知，但实际上是一个守护正义的顶级魔法师，试图阻止其他顶级魔法师消灭数学的行动，也是教宇智和宝润魔法的老师。

宋盈盈

数学教育研究所的研究员，负责制造宇智一行的特殊护目镜等打怪装备，还负责剪辑上传到"数学打怪大冒险"频道的视频。

目录

分数告急！
松饼怎样能等分

分数

马道秀，

好久不见啊。

嘿嘿嘿！

能见到您这样有名的人物，

真是我的荣幸。

3

你说八大高手怎么了？

到目前为止的事情就是这样的吗？

我来简单说明一下吧。

宇智的同名祖先以前放走了怪物，

想要消除数学力量的八大高手抓住怪物并改造成数学怪物，

数学怪物会让人类对数学产生恐惧心理，

于是，受害者向我们寻求帮助。

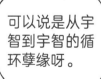

可以说是从宇智到宇智的循环孽缘呀。

天哪，宇智该多受打击呀。

在这种情况下，宇智居然还用魔法卡施展了魔法？

啊！何必想得那么复杂呢？不就是……

只要我全部抓回来就行了嘛！

瞪眼

握拳

咣—咻

帮助委托人的话，既能抓住数学怪物，又能抓住八大高手，

哪有比这个更简单的事呀！

哈哈哈！

听说八大高手的力量非常强大。

听说那个叫刘在华的顶级魔法师从数学魔法卡到缩地卡都会用？

将顶级魔法师刘在华用过的数学魔法复制过来使用的人是我，

全宇智！

韩宝润连想都不敢想！

发怒

现在请叫我预备高手吧。

"魔法师"听起来太弱了。

哈哈哈！

哼！

不知为何，很不安……

6

7

呼——宇智回来了？

妈呀！

你……你是我妈妈吗？你的脸怎么……

吓到了吗？你妈妈从入学考试报告会回来后就这样了。

很快就要上初中了，然后是高中、大学……很快，很快……

大

哎哟！

我做得很好，为什么一直担心呢？

没错。宇智自己能赚钱，还有宝润这样的好朋友。

嘿嘿！

唉。

9

真心感谢你对陷入困境的宇智伸出援手。

你是我们家的恩人。

哎呀，又提这个，真让人不好意思。

宇智，你要时刻对宝润心怀感激，知道吗？

我也会一直像姐姐那样好好照顾宇智。

嘿，我的伙伴！你也不能没有我啊！

当然啦。

真好呀。希望他们能一直这样和睦相处。

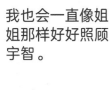

猛地

姐姐？

义气满满

哈哈哈

看来松饼烤好了。

哇！我最喜欢的松饼！

万岁！

哎哟，真容易满足啊。

你老爸有约在身，先走一步。你们慢慢享用吧。

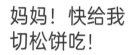

好的爸爸，路上小心。

点头

噔

妈妈！快给我切松饼吃！

……

安静点儿！

怎么又开始了呢？

颤颤巍巍

妈妈，请准确地切成两半，不然我们会吵架的！

咦？阿姨这是怎么了？

唰 颤抖

颤抖

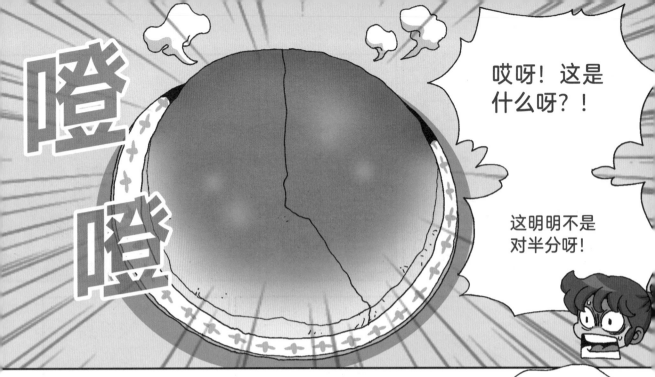

嗻嗻

哎呀！这是什么呀？！

这明明不是对半分呀！

妈妈，你不知道一半就是 $\frac{1}{2}$ 吗？这是什么呀？

喂，你别说了。

没错，切成两半，就会得到 $\frac{1}{2} + \frac{1}{2}$。

那么……这是什么……

什么呀？这到底是什么呀？

看上去像是 $\frac{3}{5} + \frac{3}{7}$？

啊？

妈妈，你在说什么呀？

$\frac{3}{5} + \frac{3}{7}$ 等于 $\frac{36}{35}$ 吧？

因为是由 1 个整体切分而来的，所以加起来必须得 1。

何况 2 个数字的分母都不一样，这怎么行呀？

分数概念是小学数学的基础。不会……

从那时开始就放弃数学了吧？

是的！没错！

我就是从分数开始放弃数学的。我讨厌那些圆乎乎的东西！因为看到它们就会想到分数！

我讨厌比萨！也讨厌时钟！

阿姨，你……你冷静一下。没关系，这是正常现象。

那也不至于到这种程度吧！

最近，不知道为什么，经常这样！

最近经常这样？不会吧？

别担心！我们帮你解决！

你们？怎么解决？

14

松饼被等分成几个小块了！

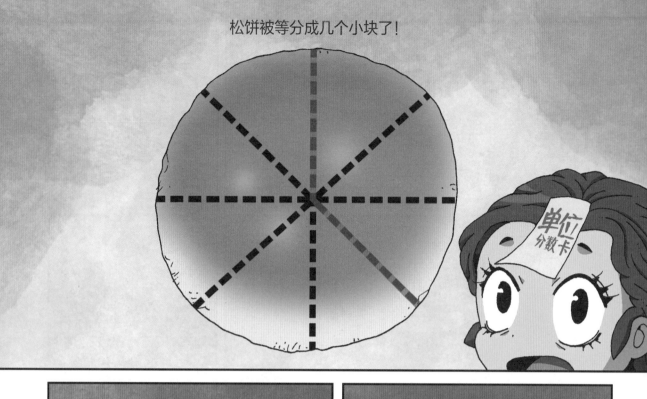

每个小块上都写着数字$\frac{1}{8}$。

原来将 1 个整体分割成同等大小的小块，每 1 块就是单位分数呀！

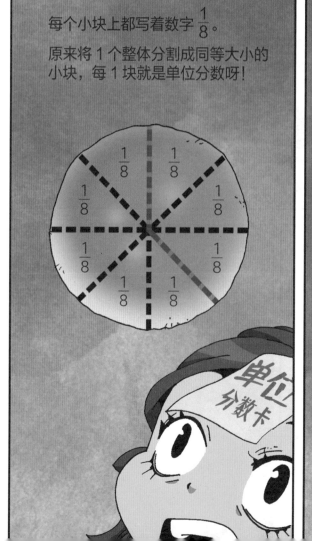

左边是 5 块，右边是 3 块！

所以左边是$\frac{5}{8}$，右边是$\frac{3}{8}$！

答案就是 $\frac{5}{8} + \frac{3}{8}$!

啪

答对了！

好棒！

这……这是怎么做到的呀？

我怎么突然理解了数十年来都不曾理解的分数概念呢？

你施了魔法吗？

快告诉我，告诉我！我太好奇了，太好奇了！

妈……妈妈！你冷静点儿。

使劲摇晃

老妈，你儿子可不是随随便便就能当上数学魔法师的！

心跳加速

16

逃走了！

它去楼上了！

快追上去！

这是一种通过耳语散播恐惧的怪物！

嗒

嗒

嗒

咦？

平时我们明明防范得很好！

宇智，你要回房间吗？把书带回去呀！

肯定是最近才来的！

推

开

你是谁？！

咚

咚

我是厨房怪物。

人们亲切地称呼我为阿厨。

厨房怪物？

那明明是守护人类家庭的善良怪物呀！

怎么会攻击人类呢？

数百年来，我一直勤勤恳恳地帮助各位主妇，守护人类家庭。

但大部分人从未真心感谢过我的付出！

人们总认为主妇的牺牲是理所当然的。实际上，为了家人，主妇们放弃了很多东西啊！

哗哗哗

泪汪汪

妈妈们难道就是只该在厨房里干活的人吗？！

妈妈们也想好好打扮、穿漂亮的衣服啊！

厨房里的家务不做也行！不会做也可以！

所以，她们的数学越差，就越能摆脱厨房里的家务！

哭……哭了？

呜

我……我想说，如今，妈妈并不是只待在厨房里干活的人。

我妈妈不仅很会做家务，还会穿很多好看的衣服！

而且，数学和家务有什么关系？！

你这么矫情，思想完全扭曲了！

这太不合逻辑了！

叮

别刺激它！

谁都没资格骂我!

既然是用嘴犯罪的人,那就接受口罚吧!

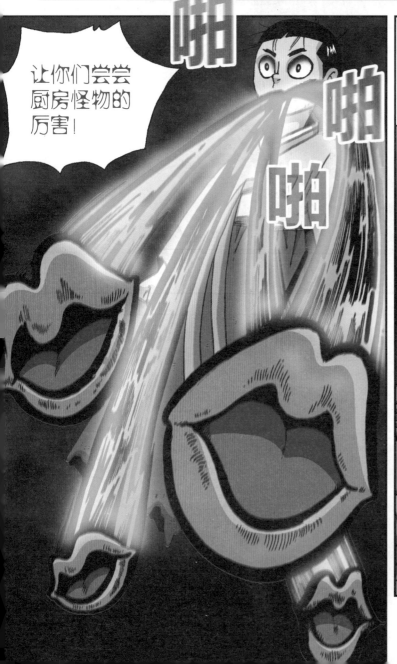

让你们尝尝厨房怪物的厉害!

嘴……嘴巴裂开了!

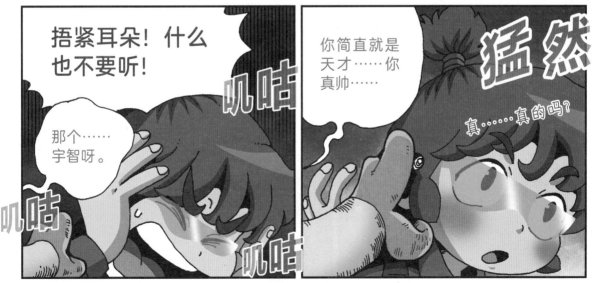

23

哈哈哈！没错，我是天才魔法师。不，我是预备高手。

哈哈哈！

听到不顺耳的话，耳朵会闭紧；听到甜言蜜语，耳朵可就自动张开了！

全宇智！你真是无可救药啊！

真心感谢你对陷入困境的宇智伸出援手。

哎哟！

快点儿醒过来！

这个怪物好恶毒啊，怎么办？

快用万能卡！

啊，对，用万能卡！

不!

万能卡随时都能用。

现在是使用数学魔法的时间!

厨房怪物的嘴巴裂成了4块,每1块就是……

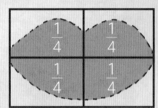

像松饼一样,可以转换成单位分数 $\frac{1}{4}$!

$\frac{1}{4} \times 4$

乘以4的话,

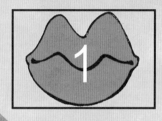

就会变回1个整体吧?

好!用单位分数卡和乘法卡!

$\frac{1}{4} \times 4$!

快变回完整的嘴!

不……不会吧!

预备高手全宇智,数学魔法样样行!

啾啾

我……我的数学魔法没生效！

宇智！我不是让你用万能卡吗？！

数学魔法？你以为谁都能用吗？

哇啊！

27

不过，刚才那件事让我受到了一些冲击。

数学魔法竟然行不通，问题究竟出在哪里呢？

明明是因为大小相同，才用了单位分数。

啊？大小相同？

$\frac{1}{4}$ $\frac{1}{4}$
$\frac{1}{4}$ $\frac{1}{4}$

宇智所想的样子

宝润看到的实际的样子

实际上，各个小块大小不一。

因为大小不一，所以魔法不能生效。

宇……宇智，刚刚啊……

等一下！

你不会打算对我这个预备高手提什么冒昧的建议吧？你只是个初级魔法师。

愤怒

什么？！

我会亲自查出来的。

嘿嘿！

什么呀，我竟然还一直听他讲！

29

宇智，宝润，来吃松饼吧。

妈妈！

妈妈重新烤了一块，这次切分得很准确吧？

呜咽

怎……怎么了？真别扭。

妈妈，谢谢！

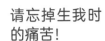

请忘掉生我时的痛苦！

我要吃啦！

传说英语语法

50年传统！！！

大口

妈妈，你真是的！

听说隔壁的世灿就是看完这本书考上了名校……

可是世灿哥哥比我大10岁，现在哪有人看这种书啊！

哈哈哈！

呼 呼 呼

呼

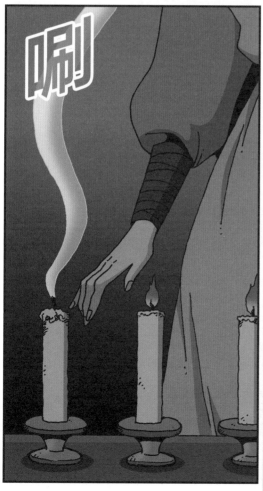

唰

那小鬼……有模有样的。

·首尾衔接的概念·

第1章	第2章	第3章	第4章	第5章
分数	**比和比值**	**速度**	**比例尺和密度**	**百分比和坡度**
将整体平均分成5份，其中3份就是$\frac{3}{5}$	$3:2$ → 即3比2 → 比值为$\frac{3}{2}$	20分钟走1000米，速度就是$\frac{1000}{20}$=50米/分	在地图上用1米表示实际中的100米，比例尺就是$\frac{1}{100}$	山坡的坡度是$\frac{高度}{底边长}$

① 分数的含义

将整体等分成2份，其中的1份就是$\frac{1}{2}$。

$\frac{1}{2}$

将整体等分成3份，其中的1份就是$\frac{1}{3}$。

$\frac{1}{3}$

将整体等分成3份，其中的2份就是$\frac{2}{3}$。

$\frac{2}{3}$

② 单位分数

分子是1、分母是正整数的分数叫作单位分数。

将整体均分成几份，每份就是几分之一。

单位分数是形成分数运算公式的基本概念。

分成同等大小非常重要！

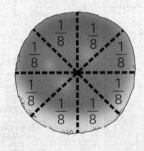

计算 $\frac{4}{8} - \frac{1}{8}$，就是从 4 个 $\frac{1}{8}$ 中去掉 1 个 $\frac{1}{8}$，可以得出剩下 3 个 $\frac{1}{8}$，所以 $\frac{4}{8} - \frac{1}{8} = \frac{3}{8}$。

如果要计算 $\frac{1}{2} + \frac{1}{3}$，这 2 个数字都是单位分数，但分母不同，不能用上述方式计算。因此，将 $\frac{1}{2}$ 的分子和分母同乘以 3，$\frac{1}{3}$ 的分子和分母同乘以 2，即将分母都变成 6 再进行计算。这种方式叫作通分。

崔博士问答时间！

 只要分成 2 份，其中的 1 份不就是 $\frac{1}{2}$ 吗？为什么一定要等分呢？

例如，你和弟弟分 1 块比萨吃，每人都想吃 $\frac{1}{2}$ 块。但是，如果比萨没有被等分成大小相同的 2 份，还能说每份都是 $\frac{1}{2}$ 块吗？这样很不公平。如果要分成 3 份或者 4 份，不平分的话，就不能将其中的 1 份称为 $\frac{1}{3}$ 块或 $\frac{1}{4}$ 块。

 比较分数的大小时，如果分母相同，分子越大，分数就越大。但是像 $\frac{1}{2}$、$\frac{1}{3}$ 这样分母不同的数进行比较时，该怎么办呢？

比较 $\frac{2}{4}$、$\frac{3}{4}$ 这样分母相同的分数大小时，可以利用单位分数的概念，$\frac{2}{4}$ 包含 2 个单位分数 $\frac{1}{4}$，$\frac{3}{4}$ 包含 3 个单位分数 $\frac{1}{4}$，所以 $\frac{2}{4} < \frac{3}{4}$。也就是说，分母相同的情况下，分子越大，分数越大。比较 $\frac{1}{2}$ 和 $\frac{1}{3}$ 的大小时，由于分母不同，要将分母统一（通分），转化为 $\frac{3}{6}$ 和 $\frac{2}{6}$。因为 $\frac{3}{6} > \frac{2}{6}$，所以 $\frac{1}{2} > \frac{1}{3}$。也可以通过下面这种画图的方式进行比较。

1		
$\frac{1}{2}$		$\frac{1}{2}$
$\frac{1}{3}$	$\frac{1}{3}$	$\frac{1}{3}$

第2章

比和比值！
厕所怪物究竟几头身

比和比值

这不是马道秀代表吗?

打成平局有什么
好炫耀的?

团……团长。

您来了?

这都第几周了? 难道你以为我赞助
你们是为了看到这种令人沮丧的结
果吗? 眼看就要到比赛日了, 孩子
们还是一副毫无胜负欲的样子, 这
怎么行? !

我以前参加比赛时可是拼命努
力! 只吃了拉面, 就拼命获得
了第一名!

点头
哈腰

数理

不论输赢，孩子们都增强了信心，团队配合也很不错，所以在正式比赛中……

练习的时候都是这个样子，还谈什么比赛！

我要的是能赢的队伍！这样下去可不行，必须采取特殊措施。

特殊措施？

现在球队有 100 名队员吧？我要缩减到 25 名，只留下最优秀的队员。

什么？！

下周进行热身赛。

因为是 1 比 4 的竞争，

你们最好拼命努力。

……

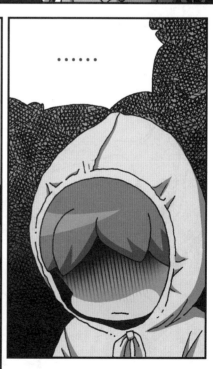

韩……韩宝润？！

你……你来这里干什么？

刚刚马代表说是 1 比 4 的竞争,对吧？

怎……怎么了？

不安
害怕

那就没必要比赛了。

因为大家都入选了。

你在说什么不着边际的话？！

这种时候需要比卡！

比较 2 个数字的方法有 2 种！

嗒嗒

假如在 100 名足球队员中，戴眼镜的学生有 60 人。

不戴眼镜的学生就是 100−60=40 人。

利用减法的绝对比较

不戴眼镜的学生占全员的 $40 \div 100 = \frac{2}{5}$。

利用除法的相对比较

单独看看利用除法进行比较的情况吧！

使用符号"："，写成 40：100，读作 40 比 100，也可以读作 40 与 100 之比、对于 100 来说 40 的比、40 相对 100 的比。

这时候基准量很重要。如果基准不同，比的意义就不同。

需要注意的是，符号"："右边的数字是基准量。

40：100 ← 基准量

下周进行的热身赛的竞争率（竞争之比）是以招募人数为基准量的。

竞争人数：招募人数

↑
基准量

马代表本来的意图是这个。

没错！

4 人竞争   招募 1 人

4 ： 1

但他不小心说反了。

我的天哪！

1 人竞争   招募 4 人

1 ： 4

最终，因为招募人数超过 100，所以全员入选！

哇哇哇！是真的啊！

什么呀？

完蛋了！

那个姐姐是谁呀？好聪明啊。

她是数学魔法师韩宝润姐姐。

数理市

真的吗？！

是那个很有名的数学魔法师吗？

怪不得！

姐姐穿着连帽T恤，我都没认出来！

谢谢您！

孩……孩子们，冷静点儿。

数理

请帮我签个名！

数学魔法师万岁！

韩宝润万岁！

姐姐好漂亮！

一窝蜂

哈哈。

这可不行！

一个小失误，你抓着不放干什么！

刚才说的不算数！必须听我的！因为出钱的是我，所以决定权在我这里！

哪有这样的！

作为大人，怎么能这么卑鄙！

数理市

数理市

45

没错。 卑鄙小人!

啊?

呜呜……

疲惫

那个姐姐是谁? 好帅啊!

居然能让团长乖乖听话。

你们看到姐姐打了团长的后脑勺吗?

……

闪亮登场

嗖

那个……不是魔法卡吗?

第二天

喂，宋研究员，请问您和宝润通过电话吗？

宝润病了，不能来吗？

她病得很重吗？

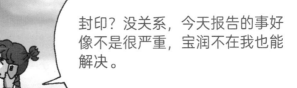

好的，我知道了。

没办法，我一个人去拍视频吧。

封印？没关系，今天报告的事好像不是很严重，宝润不在我也能解决。

哈哈。

今天没人在我耳边唠叨，我可以随心所欲啦。

今天也可以充分使用数学魔法！

嗖

嘿嘿嘿

请问你是数学魔法师吗？

唰

嗵

妈呀！

你是谁呀？

我是提供线索的人。

因为我现在正好在打工，所以……

啊，好的。

我叫李光植，现在一边打工一边准备自考。

以前因为家庭原因中断了学业，基础很差，所以得从小学课本看起。

我在打工期间去了一趟公园里的卫生间，之后就开始做奇怪的梦。

奇怪的梦？

梦里出现了一个头很大的怪物，朝我身上乱扔数字。

嗯……目前他旁边好像什么也没有。

什么时候又戴上了头套啊？

为什么这样打量我？

你说自从去了公园里的卫生间，就开始做梦了，对吧？那个卫生间在哪里？

就在那边。

哎呀，这阴森的气息这么远就能感受到。

魔法师大人，是数学怪物吗？

畏缩畏缩

我现在一看到数学书就会想起那个大头怪物，根本无法学习。

再这样下去，我肯定会考砸的！我这次一定要考过！

快速又准确地连接概念！通过134个问题与概念，完全掌握小学6年的数学知识！

小学数学词典

啊！

我能感觉到！

它现在就在这里！

啪嗒

到底是什么啊？

真的有怪物啊!

呜呜呜

呜呜呜……

咦?

我知道我做错了。

但是，我这么做是有苦衷的。

苦衷？

我是厕所怪物。

职责是守护厕所。

我还是人类的时候，被一个书生骗了，成了他的妾室。

不久，丈夫开始欺负我，说我脸大、不好看。

更过分的是，他的原配夫人及其子女也一起欺负我，把我推进了厕所！

我就这样成了守护厕所的厕所怪物。

茅房

每次看到这个玩偶头套，就会想起自己因为脸大而被嘲笑的过去，非常痛苦。

因为我希望这个玩偶消失，所以吓唬光植。

那你为什么在梦里乱扔数字?

啊，那个啊……

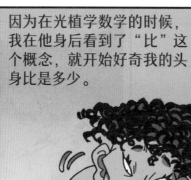

因为在光植学数学的时候，我在他身后看到了"比"这个概念，就开始好奇我的头身比是多少。

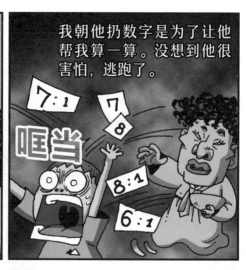

我朝他扔数字是为了让他帮我算一算。没想到他很害怕，逃跑了。

哐当

7:1
7
8
8:1
6:1

哈哈哈!这也太好笑了!

我是认真的!

怒气

冲冲

好吧，我相信你。

那我提个建议吧!

建议?

我来告诉你，你的头身比是多少。

别再欺负光植了。

真的吗?

太好了!

用 3 张数学魔法卡就能算出来。

光植，你也好好听一下吧。

魔法师大人，救救我吧！怪物开始扔数字了！

愣住

比较 2 个数字的时候，可以使用比和分数。

2 个数字中，一个是基准量，另一个是比较量，应该写在不同的位置上。

比

比较量 : 基准量

应该写在右边

举例 —— 竞争之比　4 : 1

竞争人数　招募人数

比值

比可以用分数表示，其结果是比值。

比较量

基准量

应该作分母

竞争率　$\frac{4}{1}$　$\frac{竞争人数}{招募人数}$ = 4

头身比

这是一种特殊的比，是指身高与头长的比。

$\frac{身高}{头长}$

这个就是基准量

头长

基准量

身高　比较量

3

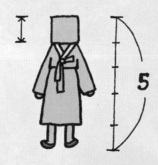

5

7

所以，如果量一下厕所怪物的……

头身比是 $\frac{3}{1}$ 的话，就是 3 头身，比是 3:1。

头身比是 $\frac{5}{1}$ 的话，就是 5 头身，比是 5:1。

头身比是 $\frac{7}{1}$ 的话，就是 7 头身，比是 7:1。

量一下？

当啷

2 头身！

哈哈哈！原来真有 2 头身啊！

愣住

就算是怪物，谁能想到还有这样的头身比！

你好吵！

咦？！

本来我也没指望能达到平均水平，但这也太过分了！

我要增加条件了！

咚

什么？

变回2头身吧!

卡吧米

咚

这是什么?

稳如泰山

为什么每次都没有效果!

厕······厕所怪物!我们再想象一下,重新变回2头身吧。

不要!虽然现在的样子我也不喜欢,但我更讨厌2头身!

呜呜呜

被困在厕所里数百年,连外表都这么丑······

我太讨厌我自己了!

嗖

跑……跑掉了!

魔法师大人,

我们是不是完蛋了?

要是韩宝润
在这里……

呜

宝润啊,
你去哪里了?

哎呀!

啲 啲

哼 哼

您好……

嗒 嗒

您好……

快进来吧。

概念 连接 数学魔法小课堂  **比和比值**

·首尾衔接的概念·

第1章	第2章	第3章	第4章	第5章
分数	**比和比值**	**速度**	**比例尺和密度**	**百分比和坡度**
将整体平均分成5份，其中3份就是$\frac{3}{5}$	$3:2$ → 即3比2 → 比值为$\frac{3}{2}$	20分钟走1000米，速度就是$\frac{1000}{20}$=50米/分	在地图上用1米表示实际中的100米，比例尺就是$\frac{1}{100}$	山坡的坡度是$\frac{\text{高度}}{\text{底边长}}$

① 比的含义

用除法来比较两个数，可以用比来表示。例如，用除法来比较3和2时，使用符号"："，写作"3：2"，读作3比2。

比是以2个数中后面那个数为基准量，比较前面数的大小。

以符号"："右边的数字为基准量。

② 比值的含义

在10：20中，符号"："右边的20是基准量，左边的10是比较量。两数相除的结果就是比值。

$$比值 = 比较量 \div 基准量 = \frac{比较量}{基准量}$$

10：20用比值来表示为$\frac{1}{2}$或0.5。

③ 竞争率

对某件事来说，竞争人数和招募人数之比就是竞争率。足球队招募1个人，如果4个人来竞争，竞争率是1：4还是4：1呢？

1：4的竞争率为$\frac{1}{4}$，4：1的竞争率为$\frac{4}{1}$=4。现在的竞争人数是招募人数的4倍，可以看出竞

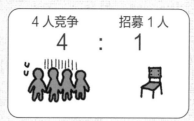

争非常激烈，所以竞争率为 4 比 $\frac{1}{4}$ 更合理。也就是说，和 4:1 一样，基准量要放在后面，比值才是正确的。

崔博士问答时间！

 在关于比的说明中，用除法来比较 2 个数是什么意思？

比较 2 个数的大小时，可以用减法计算它们的差，也可以用除法进行比较。例如，比较 2 和 1、4 和 2 的大小时，计算差的话分别为 1 和 2，用除法比较的话结果都是 2。

我们用图形来仔细观察一下吧！2 个长方形的长之差为 2，宽之差为 1，用除法来比较均为 2。也就是说，小长方形的长和宽要分别增长到原来的 2 倍，才会和大长方形一样大。

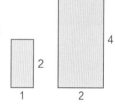

 如果比较量相对于基准量的大小是比值，那么就是用比值 = $\frac{比较量}{基准量}$ 这个公式计算吗？

例如，在 10：20 中，后面的 20 为基准量，前面的 10 是 20 的一半，即 $\frac{1}{2}$。这个值等于比较量除以基准量的值。也就是说，为了求出相对于基准量的比较量的大小，必须将比较量除以基准量，因此形成了比值 = $\frac{比较量}{基准量}$ 这个公式

第3章

风驰电掣！
追捕怪物的速度奥秘

速度

呼呼

这杯茶的味道很奇妙，我怎么有点儿困。

这是非洲的一种非常珍贵的茶，有安神的效果。

嘻嘻

昨天您不是说数学魔术对特别的人来说可以成为数学魔法吗？

您很了解数学魔法吗？

是啊，我非常了解。

魔术师只是我的职业，其实我是研究数学魔法的魔法师。

真的吗？太好了！我对数学魔法很好奇，但是书里和网上没多少信息。

拍手

不过……

我的朋友是天才魔法师，会用数学魔法，我有点儿担心他。

我觉得只要掌握了理论，就能帮上忙。

你为什么好奇呢？

除了想帮朋友……

你亲自学习数学魔法怎么样？

啊？

如果你想学，我可以教你。

教……教我？

这……这能行吗？

我现在还没达到那种水平。

而且我的天赋不足，也没什么机会……

不，足够了。

昨天第一次见你的时候，我就发现你很有潜力。

真……真的吗？

傻笑

虽然你的朋友是天才，但他总是随心所欲，太冒失了。

他就像一颗定时炸弹。能管住这个总爱惹麻烦的朋友的人，只有稳重的宝润。

您怎么知道呀？宇智那家伙就是个惹祸精！

嘿嘿！

没错，我来这里并不是因为宇智。

不再做朋友的陪衬，由你亲自做主角！

吃惊

是因为我想学习数学魔法！

请教我吧！我要好好学习！

很好。

竟然把怪物放走了。要是宝润在，就能马上封印它。

概念连接 数学教育研究所

要是能完全掌握数学魔法就好了，现在做得还不够好。

虽然很可惜，但还有机会。宇智，别灰心。

宇智，你和宝润通过电话吗？

话说回来，从刚才开始就联系不上宝润，不会出什么事了吧？

没……没有，刚才忙得没顾上。

宇智，你和宝润是彼此不可或缺的伙伴，你得好好照顾她。

好的，我知道。

打扰一下。

嗖

嗖

请问这里是数学教育研究所吗？

谁呀？竟敢拍数学魔法师的背？

瞪

惊

这是？

心……心情为什么这么奇怪？

心跳加速

这个小家伙……

心跳加速

瞪

难道……

嘎

心里忐忑不安！

既熟悉又……有点儿紧张！

是八大高手吗？！

啊！

身……身体动不了了！

您好，我是全宇智。

恭敬

怎么偏偏叫这个名字？全宇智？

不……不好意思，我误以为您是八大高手。

您真厉害，竟然能让我动弹不得。

您是不是不知道八大高手呀？

和谈老师对数学魔法也有独到的见解。

甚至被称为"数理市顶级魔法师"呢。

魔法？还是顶级魔法师？

如此厉害的人为什么会参加数学研讨会？

因为和谈老师正在研究数学魔法。

数学魔法？！

听说你是数学魔法师？

是的！老师！

敬礼

你是数学魔法师，却连友军和敌军也分不清吗？

瞪眼

啊……那个……

以这样的实力，能和八大高手抗衡吗？

您知道八大高手啊？

我来这里就是为了提供八大高手的情报，顺便教你一些数学魔法。

真的吗？！

老师！

请教我数学魔法吧！

咣

咣

我重新介绍一下自己。

嗖

其实我是一直守护着数理市的顶级魔法师。

真……真的吗？

您真的是顶级魔法师啊？

正好你们在和八大高手进行斗争，我就来看看是否能帮上什么忙。

不久前，我察觉到不详的动向——一些顶级魔法师想让数学从世界上消失这个惊天计划！

八大高手被选为计划的实施者。后来，数学怪物越来越猖狂了。

数学是人类的未来。作为一直守护在人类身边的顶级魔法师，我不能眼睁睁地看着人类的未来消失。

就在我苦思冥想的时候，某天，我在观察天象时发现了惊人的一幕——天上降下一道希望之光……

那道光照亮的地方就是这里！

心跳

吭

加速

什……什么呀？！难道老天爷把我当成了人类的希望？！

我本来打算不管在这里遇到谁，都要将我的全部技艺传授给他。

全部技艺？顶级魔法师的魔法吗？

不过，来这里看过之后，我要重新考虑一下。

老师！

不，师父大人！

我来守护人类的未来！

睁大眼睛

口水直流

你这家伙，我看出你的小心思了！

怎么还流口水了？

咚

请相信我！

睁大眼睛

口水直流

不过，我们是不是在哪里见过？很眼熟啊。

也许以前见过？其实他就是传说中那位坏魔法师的后代。

其实我也觉得您很眼熟。

传说中的坏魔法师的后代？！

还得为祖先赎罪，哈哈！

人生真讽刺啊。

你我两个家族竟然又相遇了。

？

你的祖先是我祖先五百年前收的捣蛋鬼徒弟！

什么呀？！

啊？！

我……我想起来了！您就是在梦里追我的那位可怕的爷爷！

魔法师的魔法本应用来造福世界，你小子竟然用来满足私欲！

爷……爷爷？

我……我只是开个玩笑！

怪不得刚才见到您就很害怕！

真是命运弄人，本以为能遇到一个更优秀的徒弟。

我明明已经在为祖先犯下的错努力赎罪了呀！

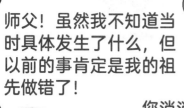
师父！虽然我不知道当时具体发生了什么，但以前的事肯定是我的祖先做错了！

您消消气，一定要教我数学魔法呀！

唉！

想学数学魔法，必须遵守4点要求。只有特别了不起的魔法师才能成为顶级魔法师。

我虽然继承了祖先的一部分记忆和数学魔法能力，但是现在不太好使了。

什么？！你现在能用数学魔法？

是呀，您就直接教我吧。
不要有任何负担！

哼！

你祖先积蓄的魔法药丸之力似乎暂时觉醒了。

暂……暂时吗？

要想稳定地施展数学魔法，必须让你体内的力量真正觉醒。

该怎么做呢？

方法要靠你自己弄清楚！

没人能教你。

凝视

您说什么？！

为了学魔法，我卑躬屈膝了半天……

她的名字是黄真伊。

能用巧妙的幻术操纵人与怪物的心理，是个可怕的对手！

黄真伊？

可是，现在出大事了。要想对抗第二个八大高手，必须用数学魔法。

对了！八大高手！第二个八大高手是谁？

师父，请您帮助我！我一定要守护人类和数学！

握拳

嗯……

情况紧急，我别无选择。

我们这就开始进行数学魔法特训吧。

终于……

师……师父！您是认真的吗？

让我穿越这片危险地区？！

哗 哗 哗 哗 哗

魔法的基础是瞬身法——一种可以在短时间内移动更远距离的方法！

嗖 嗖

哗啦啦啦

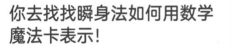

你去找找瞬身法如何用数学魔法卡表示！

那就是数学魔法！

啊？

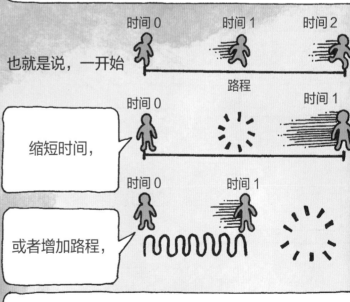

瞬身法是能在短时间内移动更远距离的魔法！

时间 0　　时间 1　　时间 2

也就是说，一开始

路程

时间 0　　　　　　时间 1

缩短时间，

时间 0　　时间 1

或者增加路程，

就能得到瞬身法相同的效果。

用数学概念来表示的话，就是路程和时间的比！要想比较时间和路程，就要用到分数。

分数！ $\dfrac{路程}{时间}$

换句话说，就是……

路程与时间的比就是速度。

速度不变， $\dfrac{路程}{时间}$

缩短时间， $\dfrac{路程}{时间}$

或者增加路程， $\dfrac{路程}{时间}$

就会有速度变快的效果！自然就成了瞬身法！

不……不错啊，全宇智！竟然这么快就弄清楚了！

数学魔法，出击！

缩短路程吧！

啊啊啊啊！

哎哟！

宇智要死了！

快救救我，师父！

哗啦 哗啦

嘿嘿！师父，我的力量还没觉醒吗？

咕噜咕噜

我该怎么办？

唉……

万一明天黄真伊就来找我，怎么办？不能这样下去。

呜呜呜

师父……

没有像作弊器一样的东西吗？

什么？！

恳切

打起精神来，你这家伙！

竟然把神圣的数学魔法想成变戏法！

怎么和你祖先一样不像话！

啪 啪 啪

我……我是开玩笑啦！

全宇智，你记住，

虽然数学魔法很难，但一定要靠自己的力量学会。

呜呜……

魔法界从来没有免费的午餐。

嗯……

宝润，你已经连续练习了几个小时，不休息一下吗？刚才教你的千金万金法怎么样了？

哎呀，还没学会。看来我还不够努力，我一定会更加努力。

这种程度已经够了，我来帮你吧。来，把这个吃掉，你就能使用数学魔法。

哇！这是能让人完全掌握数学魔法的药丸吗？好神奇啊，竟然有这种东西！

吞下

感觉怎么样？

感觉头脑很清醒，浑身充满了力量。

哈哈，那再试一次吧？

……

樋

樋

我……我真的做到了！

您看到了吗？我刚才成功使用了数学魔法！

祝贺你，我就知道你会成功。我说过，你很有才能。

多亏了您的帮助，不仅教我，还给我吃珍贵的药丸。我都不知道该怎么报答您。

真心感谢您！

我也很高兴。其实，我最想看到的……

就是宝润能够尽情使用数学魔法的样子！

和谈老师家

瞌睡瞌睡瞌睡

哎哟!

咣

好烦啊!

到底该怎样让体内魔法药丸的力量觉醒啊?

燃起斗志

对数学魔法的那种纯粹的爱能行吗?

叹气

只要学会更高深的数学魔法,我也是顶级魔法师!哈哈!

睁大眼睛

速度卡

哎呀,不管用啊!

该不会是想用"内在力量""特训"之类的话考验我吧？

生气

他是不是隐瞒了简单易懂的秘诀？

要不要我来告诉你？

！

谁在说话？

害怕

怪……怪物吗？

嗡嗡嗡

！

咚

你是谁啊？！

我是看守库房的库房怪物，喜欢帮人们解决问题。

我可以去任何一间房子，还能看清那家人的情况。我来告诉你这家人的情况。

怪物，别跟我耍花招！

因为你太吵了，我实在看不下去了才出来的。

我可是捉怪物的魔法师！

你好像在找掌握数学魔法的秘诀。

要我告诉你吗？

我知道这家主人藏东西的地方在哪里。

嗖

什么？！

好像有一种只要吃了就能完全掌握数学魔法的药丸。

根本不需要什么麻烦的训练。

真……真的有那种药丸吗？！

想知道的话，跟我来吧。

嗖嗖嗖嗖

就是这个房间。

原来这里有个房间？

你要找的东西就在那个柜子里。

快进去看看

这家伙肯定在打什么算盘。我先假装被骗，看看它的反应。

你这怪物还挺热情的。

我说过，我喜欢帮助别人。

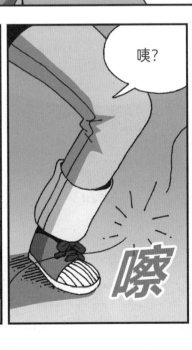

咦？

糟了！师父一定会狠狠地惩罚我！

想当顶级魔法师的梦完全破灭了！我太自大了！

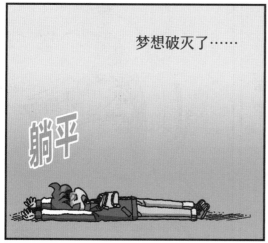

梦想破灭了……

躺平

铿
铿

不！只要抓住怪物就能补救！我有速度卡！

猛地

速度卡

我和怪物的距离……大约为600米？

让我看看……

铿

铿

怪物在 6 秒内移动了 600 米，那么速度就是 $\dfrac{600米}{6秒}$，也就是 $\dfrac{100米}{1秒}$，即每秒移动 100 米！

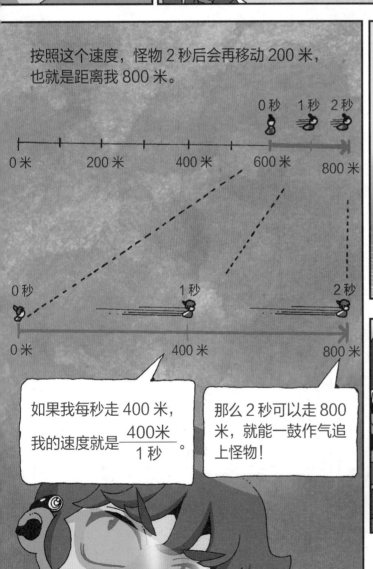

按照这个速度，怪物 2 秒后会再移动 200 米，也就是距离我 800 米。

如果我每秒走 400 米，我的速度就是 $\dfrac{400米}{1秒}$。

那么 2 秒可以走 800 米，就能一鼓作气追上怪物！

啪

速度速度，变快吧

你一个人在胡闹些什么？

您……您来了？

对不起，师父！我一时起了贪欲，差点儿把您的宝物弄丢了！

那个怪物骗了我，我用瞬身法抓住了它！

什么？你竟然成功使用了瞬身法！

厉害呀！看来实战时就不一样了，你要好好记住那种觉醒的感觉。

谢……谢谢您，师父！

不过，这东西是宝物吗？这是我上周吃剩的糖块啊！

啊？是糖块吗？还是上周的？

我都忘了，谢谢你。还甜着呢。

什么呀？！

·首尾衔接的概念·

第 1 章	第 2 章	第 3 章	第 4 章	第 5 章
分数	比和比值	速度	比例尺和密度	百分比和坡度
将整体平均分成 5 份，其中 3 份就是 $\frac{3}{5}$	$3:2$ → 即 3 比 2 → 比值为 $\frac{3}{2}$	20 分钟走 1000 米，速度就是 $\frac{1000}{20}$ =50 米 / 分	在地图上用 1 米表示实际中的 100 米，比例尺就是 $\frac{1}{100}$	山坡的坡度是 $\frac{高度}{底边长}$

① 速度

物体移动的速度可以用走的路程和花费的时间的比来表示。

试着比较一下 8 秒移动 800 米的怪物和 2 秒移动 800 米的宇智的速度吧！

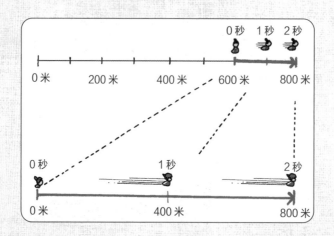

如果用花费的时间除以总路程，分别得到 $\frac{8}{800}$、$\frac{2}{800}$，即 $\frac{1}{100}$、$\frac{1}{400}$，这是他们每移动 1 米所用的时间，宇智用时少，说明宇智的速度更快。如果用总路程除以花费的时间，分别得到 $\frac{800}{8}$、$\frac{800}{2}$，即 100、400，这是他们每秒移动的路程，能更直接地说明宇智的速度更快。也就是说，要知道物体的速度，必须用移动的总路程除以花费的时间，即速度 $=\frac{总路程}{花费的时间}$。

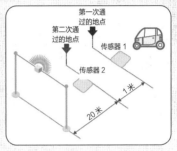

② 测速摄像头

在装有测速摄像头的道路前方 21 米处装有传感器 1，20 米处装有传感器 2，通过测量汽车经过这 2 个点所需的时间计算速度。如果一辆车行驶 1 米需要 0.05 秒，那么它 1 秒行驶 20 米，1 分钟行驶 1200 米，即 1 小时行驶 72 千米。假如这辆车行驶在限速 60 千米的道路上，肯定超速了，会被摄像头拍下来。

崔博士问答时间！

速度就是比值吗？

有些书中没有直接使用"速度"这个词，但是出现了有关速度的问题。例如，出现了"2 小时行驶 300 千米的火车移动的距离和花费的时间的比"这个问题。而"移动的距离和花费的时间的比"就是速度。用除法计算的话，就是 $\frac{300}{2}$ =150 千米 / 小时。

为什么计算速度要用路程除以时间？不能用时间除以路程吗？

比值是两个数字相除的值，所以大家可能会想到交换分母和分子。这时，思考一下谁是分子、谁是分母这个问题的实际意义，就能轻松解决。例如，同样跑 100 米，甲花了 10 秒，乙花了 20 秒，如果用时间除以路程，就能得出单位路程所需的时间，甲为 $\frac{1}{10}$，乙为 $\frac{1}{5}$，乙的数值大，说明乙花费的时间多，即乙的速度慢，甲的速度快，用这种方式思考有点儿复杂。如果用路程除以时间，就能求出单位时间内移动的路程，甲是 10，乙是 5。甲的数值大，可以更直接地说明甲的速度快。因此，计算速度时，应该用路程除以时间。

第 4 章

比例尺 + 密度！
昔日好友的数学之战

比例尺和密度

好奇怪……

好奇怪……

东张
西望

刚才明明来过这里……好像迷路了。怎么办？

要找到公园地图上的怪物道路才行。怎么找不到呢？

啊！可以问问那位朋友。

呼——

现在梦里还是不断地出现怪物，数学总是学不好，这可怎么办啊。

不过，今天又要见到数学魔法师了，一定能解决这个问题。

您好，能帮我个忙吗？

？

我想去洗手间，结果走进公园后就迷路了。

我想找到地图上的怪物道路体验馆，我得去它旁边的足球场。

怪物道路 体验馆

比例尺 1/50000

怪物道路体验馆很久前就开始维修了，我也没去过。

等等……这是？

啊！

什……什么啊？！建筑怎么从地图上凸出来了！

发抖

呜呜……

那……那个怪物肯定又出来了!

光植,你把我弄成这个样子,自己却过得很好?

可怕的复仇时间到了。

光植,地图怪物如何呀?睁大眼睛好好看看!

啊,不要!我讨厌地图!我不想看!

拼命挣扎

真是的!

嗖嗖

我都快忙死了，李光植为什么又找我？

得赶快见到宝润，告诉她黄真伊的事，然后商量对策。

魔法师大人，您为什么要带我出来呀？

见到宝润之后，要把你封印起来。

咦？

那不是李光植吗？他怎么了？

不要！讨厌！

不对劲呀，又是那个怪物吗？

快停下，厕所怪物！

！

啊！

咔嗒

嘎吱～

上次让你跑了！今天正好被我撞见了！我要让你变回2头身！

我可是数学魔法师！

魔法师大人，好可怕啊！快救救我！

咦？

你……你是？

心惊

躲

咦？

你这浑蛋！

什么呀？

啊！

我说过你最好不要出现在我面前吧？！

啪

厕所怪物！这是我抓住的怪物，你在干什么？！你的对手是我！

咣咣咣咣咣

别妨碍我！

这个人……就是我以前的丈夫。

骗了我之后，对我百般折磨，让我变成现在这副模样的罪魁祸首！

什……什么？！

今天运气不错啊。

我讨厌的男人们齐聚一堂！

今天你们都得完蛋！

哈哈哈哈

火冒三丈

好……好像不是开玩笑啊！

111

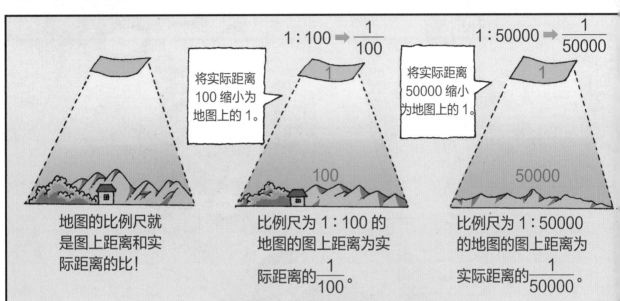

干得好！

万能卡！

快快变成玻璃杯！

咣

真棒！

成功了！

魔法师大人！我爱你！

谢谢你，魔法师大人！终于把这个麻烦的厕所怪物抓住了！

虽然您只是个小学生，但我很尊敬您！

哈哈哈！当然了，我可是预备高手呀！

呜呜呜……

我被那家伙折磨了一辈子……现在还要受这样的羞辱……我的命好苦啊……

什么啊？

吵死了，你这恶妇！谁让你顶撞像天一样的丈夫？！

脸还这么大！

呃……

好像有点儿对不起它。

各位该歇歇了吧？

嗒嗒

小心眼儿的人们。

你……你是谁？

竟敢对本魔法师如此无礼？

哎呀！

是谁啊？

！

我是黄真伊！

闪亮

你……你就是黄真伊？！

只想凌驾于妻子之上，完全不承担作为丈夫的责任，你就是个小气鬼。我安排你去做的事一件都办不好，你怎么好意思对着厕所怪物嚷嚷？

顶级魔法师大人，对……对不起！全宇智魔法师实在太会耍小聪明了！

我……现在就向厕所怪物道……道歉……

什么呀？！你怎么也有比例尺卡？！

啊啊啊！

变成 $\frac{1}{100}$ 吧！

啊啊啊啊！

咚

发抖

我……我错了。

扑通

这个姐姐好帅！

做事干脆利落！

什么帅不帅的？！突然出现，破坏了气氛！像个混混儿。

！

瞪

咣

啊！

抬起头来，厕所怪物。

你要埋怨丈夫到什么时候呢？

不平等的时代已经结束了，现在你也该成为适应21世纪的怪物了。

别把珍贵的自己困在别人设下的界限里！

啊？

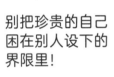

快变回$\frac{100}{100}$！

熊熊火焰

嗖嗖嗖嗖嗖

那个顶级魔法师也可以随心所欲地使用数学魔法啊!

恢复原样了?!

错,这就是我样子!

2头身又如何?!

喜欢我的样子!

我自由了!

哈哈哈!

不行!

你在干什么?!你怎么能随便放走我抓住的怪物?!

我不会放过你,黄真伊!我们来较量较量吧!

嘻嘻,你的对手另有其人。

嗖

嗖

韩宝润。

韩……韩宝润？你为什么会从那里出来？

宝润姐姐？真的是宝润姐姐吗？

全宇智，我不在的时候，你一个人好像挺快活的？

不用看也知道。

怒视

之前，宝润为了你一直压抑着自己。现在，她要做主角了。

你在说什么鬼话！宝润，别被骗了！黄真伊可是八大高手之一啊！

安静点儿，全宇智。你又不是顶级魔法师，你懂什么啊？

什……什么？

这位可是守护数理市的正义魔法师。

还教会了我数学魔法。

怎么？听到这个你很惊讶吗？只有你能学数学魔法吗？

你……你学会了数学魔法？！

你太得意忘形了，像你这样的定时炸弹，就不该会数学魔法。

你明明一直都在给别人添麻烦。

你说完了吗？！为什么要侮辱我啊？！你这家伙已经越线了！

哥哥，冷静点儿。宝润姐姐好像有些奇怪。

哇哇

啊啊

123

成功！

！

什……什么呀？！

嗖 嗖 嗖

嗖

！

这是瞬身法，朋友！你不会已经吓傻了吧？

怎……怎么可能？！

嗖

嗖

弹

哎哟！

喂！你怎么弹我的鼻子啊，卑鄙！

弹

哎哟！

嗖

委屈的话，你也使用数学魔法呀。

吐舌

你……你这家伙！

弹

哎哟！

嗖

弹

啊！

弹

哎呀！

嗖

弹

妈呀！

哈哈哈哈！你的鼻子好大啊！就像穿上了靴子！

火辣辣

你这家伙……把我的鼻子弄成这样，你就不愧疚吗？

凑近一看，好像马上要亮灯了。

吐舌

现在让你尝尝我的厉害，全宇智。

啪

？

身……身体怎么变成 10 倍重了？！好像要陷进地里了！

救……救命啊！

扑腾 扑腾

哈哈哈哈！

你用密度卡施展了什么魔法啊？！

颤颤 巍巍

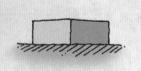

路程 / 时间 → 速度

正如将路程和时间相比就能得到速度那样，

质量 / 体积 → 密度

将质量和体积相比就会得到密度。

$$\frac{质量}{体积}$$

密度就是质量与体积之比！

$$\frac{质量}{体积}$$

如果体积不变，质量变为原来的 10 倍，那么密度也会变成原来的 10 倍。

嘎吱 啪嗒

密度卡

嘎吱 啪嗒

就像你现在这样。

要不要再加 10 倍呀？

救救我！

宝润姐姐，住手！哥哥会受伤的！

素……素美。

姐姐，哥哥，你们为什么吵得这么厉害？你们不是好朋友吗？

好朋友不能这样吵架，就算不满意也要互相理解呀。

素美，你放心，我们就是因为关系很好才吵架的。

关系很好，为什么会吵架？

宝润说得对，素美。

宝润姐姐是为了告诉我重要的事情才这么做的。

真的吗？那……那真是太好了。

这家伙在说什么呀？

我太自大了，所以有件事一直不记得。

她这么做只是为了提醒我。

什……什么事情呀？

几年前，我曾被数学怪物折磨到放弃数学。

我跟朋友们说看到了怪物，大家却把我当成怪物，开始孤立我。

当时只有宝润愿意帮助我。

多亏宝润把崔博士介绍给我，我才对数学产生了兴趣。

而且……宝润一直称赞我的魔法才能，

我因此成了一名数学魔法师。

宝润总是在一旁帮我抓住重点。

我却不知道感激她，最近还总是恣意妄为。

宝润一定很担心我。

你这家伙……原来都知道啊。

心跳

原来是这样，那还是要适可而止呀，不要互相伤害。

哎呀，平时看起来吊儿郎当，这时候还挺真挚的。今天这家伙总算清醒了。

快起来吧，我帮你撕掉魔法卡。

你拉我起来吧。

啊啊！

哈哈哈。

嘎
吱

韩宝润。

刚才做得好好的，你现在这是在做什么呢？

你白学数学魔法的时候不是说过吗？

一定会报答我！

现在！马上！

质量再增加 50 倍！

什么？！那样宇智会很危险的！宇智是我的朋友啊。

我要的就是这个……

我就喜欢看朋友反目成仇！

咚

咚

·首尾衔接的概念·

第①章	第②章	第③章	第④章	第⑤章
分数	**比和比值**	**速度**	**比例尺和密度**	**百分比和坡度**
将整体平均分成 5 份，其中 3 份就是 $\frac{3}{5}$	3:2 ➡ 即 3 比 2 ➡ 比值为 $\frac{3}{2}$	20 分钟走 1000 米，速度就是 $\frac{1000}{20}$ =50 米 / 分	在地图上用 1 米表示实际中的 100 米，比例尺就是 $\frac{1}{100}$	山坡的坡度是 $\frac{高度}{底边长}$

① 比例尺

在绘制地图时，需要将现实信息缩放。这时就会出现两个信息：一个是实际距离，另一个是图上距离。

如果将实际的 100 米在地图上缩小到 1 米，那么比例尺是 1:100 还是 100:1 呢？

因为地图上的距离缩小了，所以无论怎么表示，实际的 100 米在地图上都是 1 米。但因为是用比来表示的，所以还是应该根据比的含义来表示。

1:100 用比值表示是 $\frac{1}{100}$，100:1 用比值表示是 100。因为地图上的数字缩小了，所以用 1:100 来表示比较妥当。

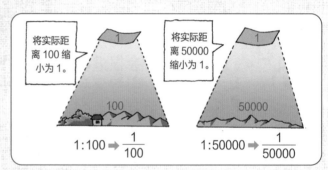

将实际距离 100 缩小为 1。

将实际距离 50000 缩小为 1。

1:100 ➡ $\frac{1}{100}$ 1:50000 ➡ $\frac{1}{50000}$

根据不同的比例尺，地图上的 100 米可以用 1 米来表示，50000 米也可以用 1 米来表示！

② 密度

人口密度是衡量人口密集程度的指标。如下表所示，了解 A 市和 B 市的人口和面积时，人口密度是对于□来说的△数值的大小，这时□和△肯定有一个是人口，另一个是面积。那么，□是人口还是面积呢？

地区	A 市	B 市
人口（人）	9776000	1521000
面积（平方千米）	605	16827

人口密度是比的一种。我们来看看哪种表示方式符合比的意义。如果□是人口，那么算式是 $\frac{\text{面积}}{\text{人口}}$，表示每个人所占的面积，可以得出 A 市和 B 市的相应比值分别为 0.00006 和 0.01106，B 市的数值更大，说明 B 市每人占地面积大，即人口密集程度低，A 市的人口密集程度高，这种思维方式有些复杂。

假设□是面积，那么算式是 $\frac{\text{人口}}{\text{面积}}$，A 市和 B 市的数值分别为 16159 和 90，A 市的数值更大，能够直接说明 A 市的人口密集程度高。因此，人口密度应该用 $\frac{\text{人口}}{\text{面积}}$ 来计算。

崔博士问答时间！

 除了比例尺和密度，生活中还有使用比值的情况吗？

生活中用到比值的情况非常多。计算糖水中的含糖量要用到比值，计算棒球选手的打击率也要用到比值。棒球选手并不是每次都能击出安打，安打成功的次数与总击球次数之比就是打击率。例如，甲选手在 10 次机会中击出 3 次安打，那么打击率为 $\frac{3}{10}$，即 0.3；乙选手在 7 次机会中击出 2 次安打，打击率为 $\frac{2}{7}$，即 0.286。也就是说，甲选手的打击率比乙选手高。

 用"几比几"这个形式来表示就足够了，为什么要通过除法创造出"比值"这个新概念呢？

比和比值并非毫无关联。比是用 2 个数值来表示信息；比值是做完除法再用 1 个数值来表示信息，更加简洁。在做数学题时，可能会出现好几个比，但它们的比值可能是相同的，所以当数据很多时，比值就有很大的意义。

不过，并非所有的比都要用比值来表示。在运动比赛中，有时需要用比来表示比分。例如某场篮球比赛的比分是 80：40，其比值是 2。如果不看比，只看比值，就无法知道两队的具体分数是多少。而且，此时双方得分之差比比值更重要，所以这种情况下不用比值来表示。

第5章

坡度决斗！
坡道上的终极一战

百分比和坡度

我想要的……

就是朋友之间反目成仇。

什么？！

快报恩吧，

韩宝润。

你看！如果不是八大高手，怎么能说出那么可怕的话？！

啊！逃命要紧！

起来，宇智！

我好了！

你真的是八大高手吗？

那你为什么要教我数学魔法？

当然是为了利用你。

不过，之所以会教你这个敌人数学魔法……

是因为看到你就像在看小时候的我。

！

好好听我说！全宇智是让你沦为陪衬的捣蛋鬼。

只有除掉全宇智，你才能成为你人生的主角！

你在乱说什么啊？！

别被骗了，宝润！

嗖

啊!

虽然我给你的药丸是一次性的，不过魔法已经全部收回来了。现在你用不了千金万金法了！

啊啊啊！

宝润姐姐！

颤抖

姐姐，真高兴你变回来了。

真……真丢人啊。

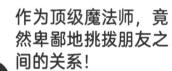

作为顶级魔法师，竟然卑鄙地挑拨朋友之间的关系！

既然你惹了我的朋友，我不会轻易放过你！

哈哈，真不好意思，在除去你们之前，我不会走。

啊！

嘎吱

啊！我的魔法卡！

啪

糟糕！

你们是不是又要嘲笑我是个 2 头身？！本 2 头身的头发厉害吗？

哈哈哈

魔法卡没了，该怎么办？无论如何，徒手也得阻止它！

请期待下一次攻击吧！

啊，击中要害？

找准机会！

哈哈哈！这次让你们尝尝 2 头身拳头的滋味！

呼

呼

143

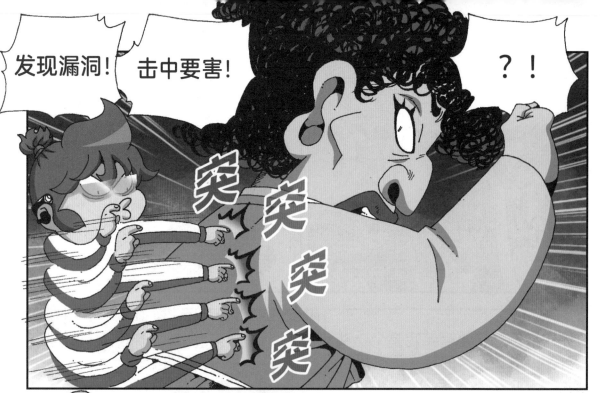

发现漏洞！ 击中要害！ ？！

怎么没用？！

哎呀，真舒服！你是在给我按摩吗？ 我……

谢谢你！但是该结束了！

救救我！

最后的徒手必杀技 →

哎呀!

咚

唉?

生效了!原来击中要害行得通!

趁这个机会赶紧用魔法卡。

变成绳索吧!

唰

唰

啊!

咣

咣

完美!

哇!

宇智,我来收尾吧。

你没事吧?

当然没事呀!

你不能没有我啊!

这家伙……

感动

快快封印!

你完了!

真棒!

击掌

啊啊啊啊!

嗖嗖嗖嗖

封印成功!

姐姐,哥哥,
你们太帅了。

怎……怎么会这样？这帮家伙没有想象中好对付啊。

好吧，那我就亲自出手！

怒火燃烧

哇！来势汹汹呀。

素美还在这里，太危险了，我们去别的地方吧！

好！

素美，你在这里别动。

……

你们想逃到哪里去？！

姐姐，哥哥，你们要小心呀！

啊！门被……

你们逃不掉了。就在这里决战吧，小鬼们！

去外面打吧！这里太窄了，还很危险！

不，就要窄一些才能把老鼠逼到绝境。

吃老鼠的猫就在这里。

快变成 $\frac{100}{100}$。

快抓住他们！

是……是怪物火箭！

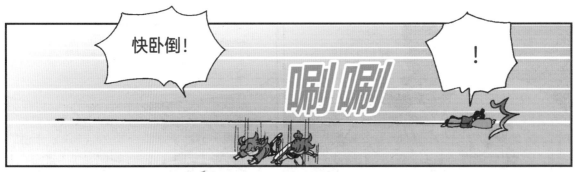

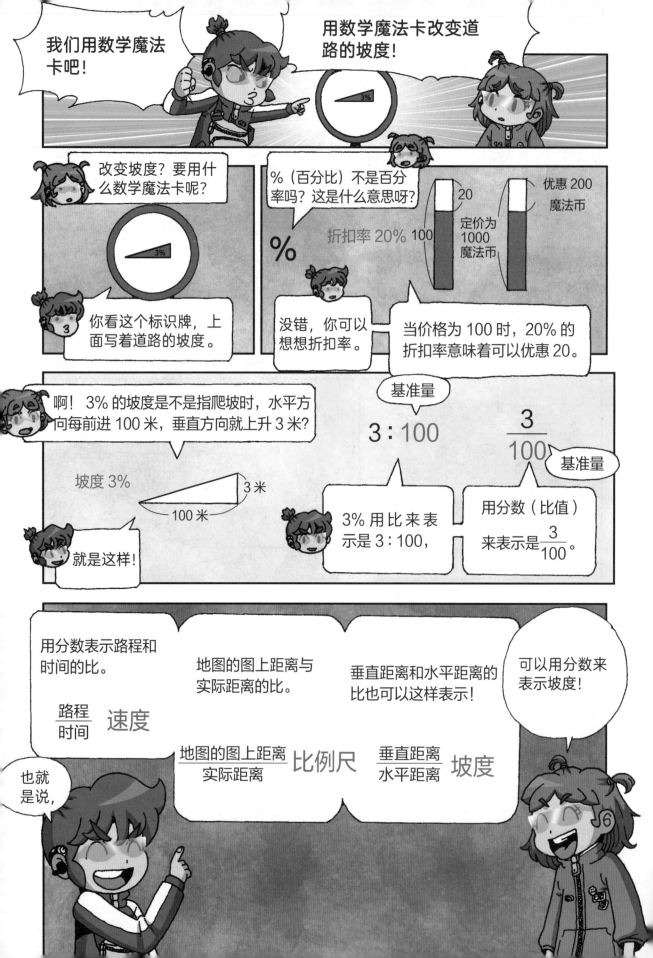

该……该不会是？！

嗒
嗒

小心点儿！

坡度在下降！

嗒嗒嗒嗒

现在坡度是 0%！变成水平状态了！

我们做到了！

咣

怎……怎么会这样？！

骨碌碌

咚

扑通

嘿 嘿 ！
万能卡

咚
……

封印！
嗖嗖嗖

数学魔法师万岁！

看到了吗，黄真伊！你操控怪物的幻术已经不管用了！你还是乖乖投降吧！

可恶！

既然已经进退两难了，那就让我使出最后一招吧！

整……整栋楼？

用千金万金法让整个体验馆沉下去！

她这是要和我们同归于尽啊！我们必须阻止她！

等等！让我想想办法。

啊！那个黄色的容器是水塔吗？

宝润，我们把黄真伊身后的水塔弄倒吧！水塔的底座看起来并不稳固。

小声嘀咕

水塔？

它那么远，该怎么做呢？

咚
咚

摇晃地面，然后推倒水塔。

摇晃地面？你在说什么呀？

给我一张乘法卡。

摇晃7次应该就够了。

给你。

乘法卡

顶级魔法师黄真伊，你不该招惹数学魔法师们。

分数卡　比值卡　乘法卡

哼！小鬼们，再见。

密度卡

坡度变成
35%！

35%

?

坡度35%就是 $\frac{5}{100}$
的7倍！

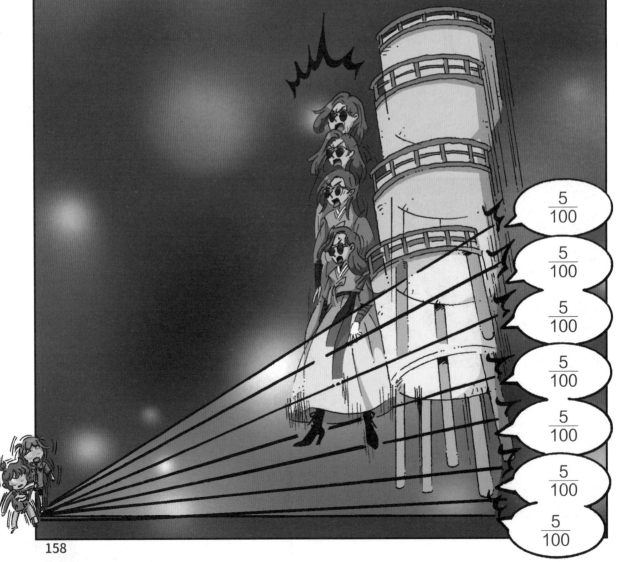

$\frac{5}{100}$

$\frac{5}{100}$

$\frac{5}{100}$

$\frac{5}{100}$

$\frac{5}{100}$

$\frac{5}{100}$

$\frac{5}{100}$

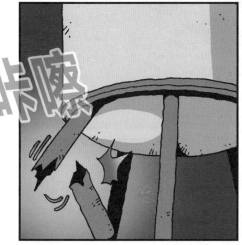

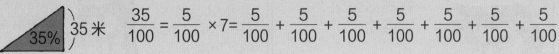
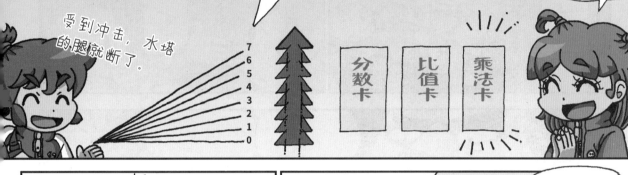

宇智，你竟然战胜了顶级魔法师黄真伊。

师父！您为了看我跑这么远？我好感动！

来打个招呼吧，这是和谈老师，是一位很了不起的顶级魔法师。

师父，这位是我的好朋友韩宝润。

……

……

真是个开朗的孩子呀，以后你也叫我师父吧。

啊？谢……谢谢您。

师父！我刚才做了一张新魔法卡，我的数学魔法又进步了！

啊？！

做得好，全宇智。今天真是辛苦你了。

嘿嘿，不辛苦，全靠师父指点。

原来和谈是这个小家伙的师父。

好久不见，黄真伊。

您好。

恭

敬

看来顶级魔法师们互相认识呀。

我说这个小家伙怎么这么厉害，原来是因为有您指导。

没有早点儿察觉，真是不好意思。

不过，您有必要亲自出马吗？

我认为指使你们行动的顶级魔法师很危险。

我师父果然比黄真伊更厉害！

被选为八大高手可能不是你的本意，但牵涉其中并不好。

你也该收手了，回去吧。

别担心，反正没完成任务，回去就要受罚，好一阵子不能出来。

……

喂，全宇智。

你得叫我数学魔法师！

我一生都在与那些压迫自由的人进行斗争。

即使成为顶级魔法师，这种信念也没有改变。

我以为你和他们是一类人，所以才会这样对你，是我误会你了。

哼！别狡辩了，快认输吧！如果是顶级魔法师，就磊落一些！

唉。

全宇智魔法师。 我输了。

郑重

什么呀，就这么轻飘飘的……

喂，你够了。

164

韩宝润。

这是梅花。

虽然骗了你，但说你很有魔法天赋并不是假话。

希望你能好好发挥你的才能。

梅花是盛开在冬天的坚韧之花，象征着高洁、坚强不屈的品格。

是我最喜欢的花。

你竟然贿赂我的朋友！

哼！别再看了。

……

就这样结束了吗？

哈哈哈。

请大家多多点赞、关注！

素美，你真是铁杆粉丝呀。

在我之后会是谁？我很期待。
策划这一切的顶级魔法师们肯定也察觉了和谈的
介入。

啊！

那道光是……

闪
亮

该……该不会是？

是把那个人派来了吗？被流放的……

黑暗驯兽师！

数学魔法小课堂 　百分比和坡度

·首尾衔接的概念·

第1章	第2章	第3章	第4章	第5章
分数	**比和比值**	**速度**	**比例尺和密度**	**百分比和坡度**
将整体平均分成5份，其中3份就是$\frac{3}{5}$	3:2 ➡ 即3比2 ➡ 比值为$\frac{3}{2}$	20分钟走1000米，速度就是$\frac{1000}{20}$=50米/分	在地图上用1米表示实际中的100米，比例尺就是$\frac{1}{100}$	山坡的坡度是$\frac{高度}{底边长}$

① 百分比

将基准量定为100时的比值被称为百分比。百分比用符号"%"来表示。比值$\frac{85}{100}$可以写作85%，读作百分之八十五。

 $\frac{1}{100}$=1%

 $\frac{85}{100}$=85%

百分比也是比值的一种，基准量是100的比值就叫作百分比。百分比是日常生活中经常使用的标准化数值。

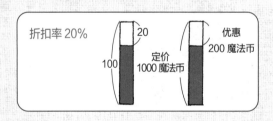

折扣率20%　　　100　　20　定价1000魔法币　　优惠200魔法币

> 百分比在生活中很常见。如果一盒饼干的定价为1000魔法币、折扣率为20%，你能算出购买饼干需要多少钱吗？

② 坡度

走坡道时，我们经常可以看到写着坡度的标识牌。右图就是一个写着坡度为7%的标识牌。坡度由水平距离和垂直距离或底边长和高度来确定。那么，坡度应该用$\frac{底边长}{高度}$来计算，还是用$\frac{高度}{底边长}$来计算呢？

以右边的三角形为例。如果用$\frac{底边长}{高度}$来计算，坡度较陡的三角形和坡度较平缓的三角形对应边的比值分别为14.3和20；反过来用$\frac{高度}{底边长}$计算

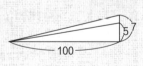

7　100

的话，坡度较陡的三角形和坡度较平缓的三角形对应边的比值分别为0.07和0.05。观察这两组数据，根据实际情况可知，计算坡度的方法是$\frac{高度}{底边长}$。0.07和0.05用百分比表示的话，分别为7%和5%。

崔博士问答时间！

 需要将百分比用"比值 ×100"这种形式背下来吗？

　　如果没有准确理解概念，其实很多情况下都会弄不清楚。1∶2的比值是$\frac{1}{2}$，即0.5。就算基准量为100，比值是$\frac{50}{100}$，还是0.5。但是，百分号"%"前面的数是比值的100倍，比值乘以100后，得到50，在50后面加上符号"%"，就是50%。即使一个比值的基准量不是100，乘以100后加上"%"，就能得到百分比。

 想去掉0.1%的"%"符号，应该乘以100，还是除以100？

　　按比值计算的话，1∶10的比值为$\frac{1}{10}$，乘以100再加上"%"符号，就能得出10%这个百分比。也就是说，0.1%=10%×$\frac{1}{100}$，即0.001，用百分比表示就是用0.001乘以100，再加上"%"符号。因此，要想直接用小数表示0.1%，只要除以100就可以。

 百分比和百分点的区别是什么？

　　百分比是比值，百分点是2个百分比之间的差值。例如，3月的考试分数为50分，4月提高了20分，达到了70分，那么4月的分数比3月提高了$\frac{20}{50}$=0.4，即提高了40%。如果5月达到了80分，那么5月的分数比3月提高了$\frac{80-50}{50}=\frac{30}{50}$=0.6，即60%。也就是说，4月和5月分数提高的百分比相差20个百分点。因此，5月比4月提高了20个百分点。

思维导图二

3 : 2 就是 3 和 2 的比值。

比值 = 比较量 ÷ 基准量 = $\dfrac{比较量}{基准量}$。

将整体等分成 2 份, 其中的 1 份就是 $\dfrac{1}{2}$。

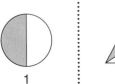

$\dfrac{1}{2}$

将整体等分成 3 份, 其中的 1 份就是 $\dfrac{1}{3}$。

$\dfrac{1}{3}$

将整体等分成 3 份, 其中的 2 份就是 $\dfrac{2}{3}$。

$\dfrac{2}{3}$

比和比值

分数的含义

分数

将基准量定为 100 时的比值

单位分数

分子是 1、分母是正整数的分数被称为单位分数。将整体均分成 □ 份, 每份就是 $\dfrac{1}{□}$。

百分比

因为百分比是日常生活中经常用到的比值, 所以单独取了名字, 一定要好好掌握。

□ : 100, 就是将基准量定为 100 时的比值, 即 $\dfrac{□}{100}$, 叫作百分比。

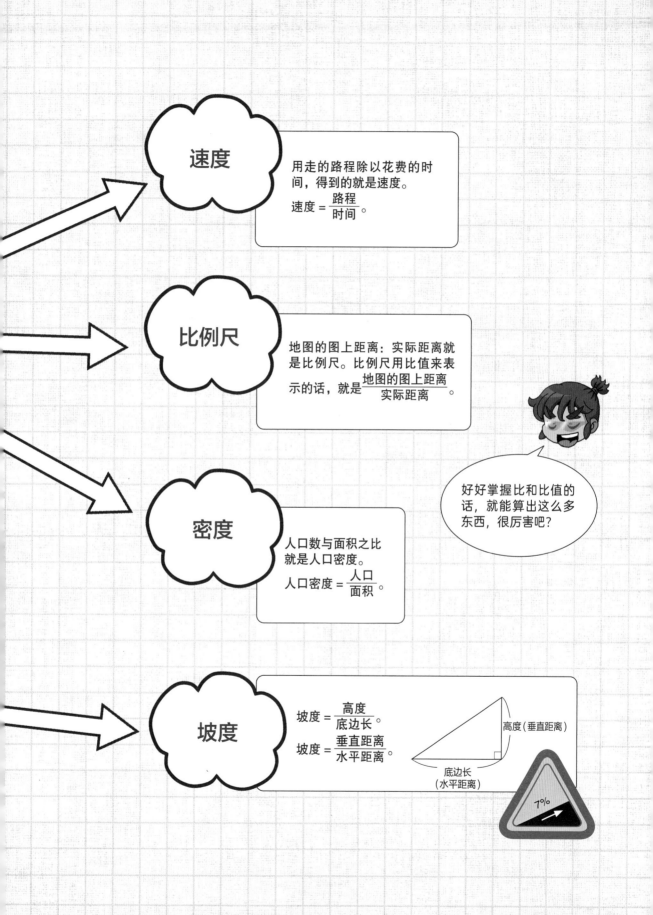

速度

用走的路程除以花费的时间，得到的就是速度。

$$速度 = \frac{路程}{时间}。$$

比例尺

地图的图上距离：实际距离就是比例尺。比例尺用比值来表示的话，就是 $\frac{地图的图上距离}{实际距离}$。

密度

人口数与面积之比就是人口密度。

$$人口密度 = \frac{人口}{面积}。$$

好好掌握比和比值的话，就能算出这么多东西，很厉害吧？

坡度

$$坡度 = \frac{高度}{底边长}。$$

$$坡度 = \frac{垂直距离}{水平距离}。$$

高度（垂直距离）

底边长（水平距离）

7%

图书在版编目（CIP）数据

数学打怪大冒险. 分数与比 ／（韩）李韩律著 ；
（韩）崔水日编 ；（韩）丁贤熙绘 ；赵子媛译. —— 济南 ：
山东人民出版社，2022.11
　　ISBN 978-7-209-14043-0

　　Ⅰ．①数… Ⅱ．①李… ②崔… ③丁… ④赵… Ⅲ.
①数学－儿童读物 Ⅳ．①O1-49

中国版本图书馆CIP数据核字(2022)第179325号

山东省版权局著作权合同登记号　图字：15-2022-148

数学打怪大冒险·分数与比
SHUXUE DAGUAI DAMAOXIAN FENSHU YU BI
［韩］崔水日 编　　［韩］李韩律 著　　［韩］丁贤熙 绘　　赵子媛 译

主管单位　山东出版传媒股份有限公司
出版发行　山东人民出版社
出 版 人　胡长青
社　　址　济南市市中区舜耕路517号
邮　　编　250003
电　　话　总编室（0531）82098914
　　　　　市场部（0531）82098027
网　　址　http://www.sd-book.com.cn
印　　装　天津丰富彩艺印刷有限公司
经　　销　新华书店

规　　格　16开（185mm×255mm）
印　　张　11
字　　数　138千字
版　　次　2022年11月第1版
印　　次　2022年11月第1次
ISBN 978-7-209-14043-0
定　　价　228.00元（全4册）
　　　　　如有印装质量问题，请与出版社总编室联系调换。

수학요괴전 3:악마의
서커스단

数学打怪大冒险 3

几何图形

[韩] 崔水日 编　[韩] 李韩律 著

[韩] 丁贤熙 绘　赵子媛 译

山东人民出版社·济南

国家一级出版社 全国百佳图书出版单位

人物介绍

韩宝润

宇智的好朋友，一名优秀的数学魔法师，随身带着封印数学怪物的怪物手册。做事非常细心，很有计划，看到不正义的事情就会毫不犹豫地挺身而出。为了帮助鲁莽的宇智，她一直在努力学习。

全宇智

本书的主人公，一位爱惹祸的淘气鬼。他是一名拥有极高天赋的数学魔法师，能够消灭迫使人们放弃数学的怪物。他运营着有百万订阅者的数学科普频道"数学打怪大冒险"，向订阅者传播数学的乐趣。

崔博士

数学教育学博士，研究出连接概念的数学学习法，带头帮助放弃数学的人们，也是带领宇智走上数学学习之路的人。在开办数学教育研究所的同时，指导宇智和宝润打怪作战。他还很喜欢说冷笑话。

和谈老师

崔博士的朋友，虽然他是传统文化研究专家这一点广为人知，但实际上是一个守护正义的顶级魔法师，试图阻止其他顶级魔法师消灭数学的行动，也是教宇智和宝润魔法的老师。

宋盈盈

数学教育研究所的研究员，负责制造宇智一行的特殊护目镜等打怪装备，还负责剪辑上传到"数学打怪大冒险"频道的视频。

目录

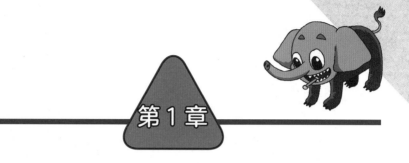

第1章

不动如山！
三角形高塔的重建

三角形

唉，上补习班太累了。

得赶紧回家把比萨斜塔组装好。

哎呀！

喂，韩宝润。

虽然你未经考核就成了师父的徒弟，但你别忘了，

我才是第一个徒弟，你是第二个。

真是的。

短暂地使用了千金万金法之后，我有这样的体会——

如果自己没有做好准备，再好的东西也不会属于我。

我会根据自己的水平慢慢积累经验。

我不打算和你比。

当然啦，我可是预备高手，你哪能和我比？

真想揍他一顿。

咬牙切齿

接下来要学什么魔法呢？好期待啊。

让这个傻子自娱自乐去吧，我得去练习。

嚓嚓

嚓嚓

嘿嘿。

那是什么呀？

不好好训练，吃什么零食呀？！

皱巴巴

快速学会魔法的秘诀是，模仿师父的一切行为。

师父把吃剩的糖块搁了1周再吃。

虽然听上去像开玩笑，但很明显是秘诀。

什么呀。

这……这种事也要模仿？

臭小子，有耍小聪明的时间，不如用来练习！

啊！

咣

吞下

咳咳！师父，我要噎死了！

哈哈哈！活该！

你们过来一下。

我刚才感受到一股奇怪的气息。

应该和第三位八大高手有关。

真的吗？

是谁呀？

如果我没猜错……

应该是马戏团魔法师——魔团！

成为顶级魔法师之前，他是动物马戏团的团长，因狠毒地对待团员而臭名昭著。

他被称为黑暗驯兽师，据说现在还在经营怪物马戏团。

刷

黑暗驯兽师？

怪物马戏团？

他精通图形魔法，你们最好准备好图形魔法卡。

……

7

哇！这次是图形魔法卡呀？

概念连接 数学教育研究所

事先知道了敌人的真实身份，心理负担应该减轻了不少吧？

嘿嘿，小菜一碟。而且有关图形的知识很简单嘛。

喂，别太自负了。

图形看似简单，但只有能给出准确的定义，才算真正掌握。

怎么样，宇智，你试着准确地定义一下正多边形吧。

就……就是……方正的多边形？

什么呀。

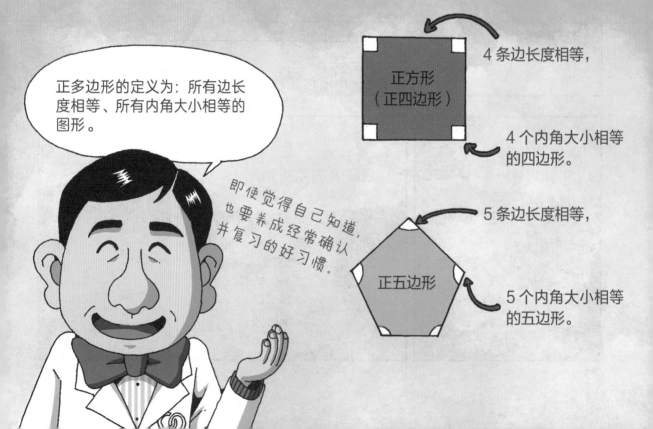

正多边形的定义为：所有边长度相等、所有内角大小相等的图形。

即使觉得自己知道，也要养成经常确认并复习的好习惯。

正方形（正四边形）

4 条边长度相等，

4 个内角大小相等的四边形。

正五边形

5 条边长度相等，

5 个内角大小相等的五边形。

没……没错。图形的边和角非常重要。

宇智，你这个样子怎么和怪物对抗啊？

我这边正好有图形相关的求助信息。

嚯！

"每次组装模型塔时好像都能看到数学怪物。请帮帮我。具智慧敬上。"

照片中能看到三角形和四边形，这条求助信息来得真是时候。

他说希望你们马上过去。

没问题！我们现在就去具智慧家吧！

我给他打个电话！

喂！不准跑到我前头！

9

哇！看看这些房子。

看上去是个相当古老的村庄呢。

后面还有输电塔！

是 302 号吧？

嗯。

非……非常感谢你们特意来帮助我……

具智慧
（10 岁）

羞涩

羞涩

流汗

流汗

真是的……

请问是哪位？

你是具智慧吗？我们是数学魔法师！

你说起话来文绉绉的。

怎么流那么多汗呀？

10

哇！房间里都是模型塔。

你的爱好是组装模型塔吗？

是的，我喜欢一个人在家里玩，3岁就开始做这些了。

脑腆

脑腆

简直可以开博物馆。

巴黎的埃菲尔铁塔！

东京的天空树！

可是这边怎么乱糟糟的？

这个……我不知道是不是因为数学怪物。

出什么问题了？

从1周前开始，只要我组装模型塔，脑海中就会冒出要啃掉模型的怪物。

我知道那是想象，但看起来太真实了，好可怕。

几天前，那家伙还出现在我梦里。

11

是挺糟心的。你跟大人讲过吗？

我怕妈妈担心，所以没跟她讲。

唉。

抽泣

别担心，我们会帮你。

别哭啦。

嗯！

不哭了！

首先，我们来组装不会倒下的稳固的塔吧。

要想让塔稳固，塔的结构必须稳定！

稳定的结构和多边形有关！

你觉得最稳定的多边形结构是什么？

多……多边形？

你可以在房间里四处看看，应该会得到一些提示。

那边的椅子、画架和三脚架都是由3条腿组成的三角形结构，所以不会晃动！

啪

啊！

干得好！

真棒！

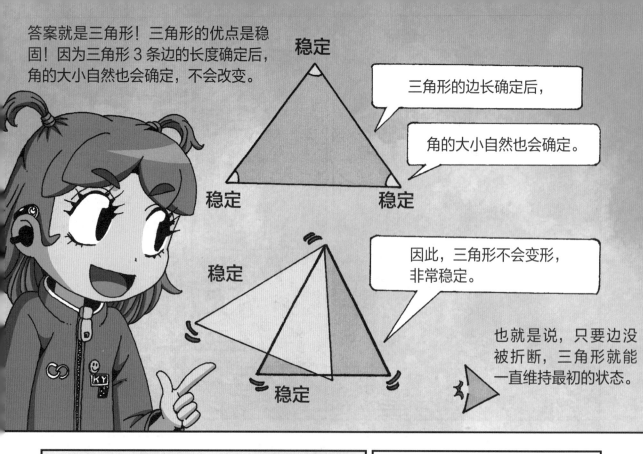

答案就是三角形！三角形的优点是稳固！因为三角形 3 条边的长度确定后，角的大小自然也会确定，不会改变。

稳定

稳定

稳定

三角形的边长确定后，

角的大小自然也会确定。

稳定

稳定

因此，三角形不会变形，非常稳定。

也就是说，只要边没被折断，三角形就能一直维持最初的状态。

由于结构坚固，易受较大压力的建筑通常会使用三角形结构。

哇！原来如此。

现在你亲自试试吧！

把注意力集中在三角形上，重新组装被毁坏的模型塔。

我觉得我能做到！

一边想着三角形结构，一边组装，就不会想起可怕的怪物了。

它的结构包含反复叠加的三角形，好坚固啊！

大功告成！

太棒啦！

非常感谢魔法师大人们。

数学魔法师果然名不虚传。

我会在视频下面发几千条评论。

15

我有个问题想问你。

你1周前见到了怪物，对吧？那时有没有遇到什么不寻常的事情呢？

啊？有的。

有天深夜，我在家附近的树林里看到了一个神奇的马戏团。
我第一次看到村子里那么大的马戏团。自那之后，我好像就开始看到怪物了。

马戏团？

会不会是师父说的那个怪物马戏团？

你在那里看到了什么？

啊，那个……

我只记得我进去了，但我完全不记得看到了什么。

不记得了？

对，很奇怪吧？

看到了神奇的马戏团，却不记得具体看到了什么？

果然有问题。

那个马戏团好像和师父说过的八大高手魔团及数学怪物有关。

咔嗒

19

喷完火，它好像没力气了。

咕！

咕！

它为什么看着输电塔？

它不会打算去吃输电塔吧？

啊啊！

！

看来它要去吃了！

啊！不可以！

砰

咔嚓

咔嚓

它在啃输电塔！

它正一边往上爬，一边啃食铁架！

咔 咔 咔 咔

喂！不能吃那个！

要是输电塔倒了就糟了！整片区域都会停电，可能还会起火！

眼前一片火海!

谁能来帮我灭掉屁股上的火苗呀?

长鼻怪物,你这家伙把数学魔法师看成什么了?

我们得先把它绑起来!

咕！咕！

呼呼呼呼

呼呼

！

啊啊啊！

全身冒烟

先别封印它！我要把它的身体折成三角形再消灭它！

三角形长

就算敌人是怪物，这也太残忍了。

咕！

放心吧，我不会伤害你的。

咕！

只要你不再欺负我，我就帮你。

咕！

它可能是因为害怕才喷火的，你们原谅它吧。

你是在袒护怪物吗？我们绝对不会向怪物妥协！

快让开！

生气

咕！

啪

它要逃了！

它跑掉了！

哎呀！

站住！

· 首尾衔接的概念 ·

第 1 章	第 2 章	第 3 章	第 4 章	第 5 章
三角形	平行四边形的分类	多边形的内角和	单位面积	各种图形的面积
三角形很稳定，如果边长不变，内角就不会变。	根据不同的边长及内角大小，平行四边形有不同的种类。	多边形可以分成很多个三角形。	图形的面积可以用单位面积来表示。	只要会求矩形的面积，就能求很多图形的面积。

① 三角形的定义

不在同一直线上的 3 条线段首尾顺次连接组成的封闭图形叫作三角形。

在以下 3 个图形中，只有第 1 个是三角形。第 2 个不是封闭图形，第 3 个有 1 条边是曲线，所以它们不是三角形。

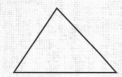
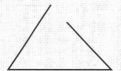
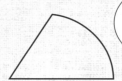

> 仔细观察这些图形是否符合三角形的定义。

② 正三角形（等边三角形）和正方形的定义

3 条边长度相等的三角形叫作正三角形。

4 条边长度相等、4 个内角大小相等的图形叫作正方形。

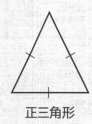

正三角形

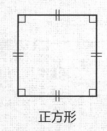

正方形

正方形的定义不仅要求 4 条边的长度相等，还要求 4 个内角大小相等，那为什么正三角形的定义没有关于内角的要求呢？

你观察得很仔细。发现不同时，要马上提出疑问。正方形的 1 个内角为 90 度，正三角形的 1 个内角为 60 度，想象一下，如果从正方形的定义中去掉对内角大小的规定，会发生什么？当内角的大小发生变化时，它会变成菱形，不再是正方形。但对三角形来说，由于三角形是稳定结构，一旦边长确定，内角的大小自然也会确定，所以不必规定 3 个内角的大小。

 为什么在建筑物或高塔中有大量三角形结构呢？

三角形的 3 条边长确定后，内角的大小就确定了。所以，如果边长不变，角的大小就不会改变。3 条腿的椅子从不会摇晃。如果画架会晃动的话，就很难好好画画。能够稳稳地固定住相机的三脚架也是三角形结构。总的来说，之所以在高塔或建筑物中大量使用三角形结构，就在于三角形的稳定性。

椅子 　　　　　 画架 　　　　　 三脚架

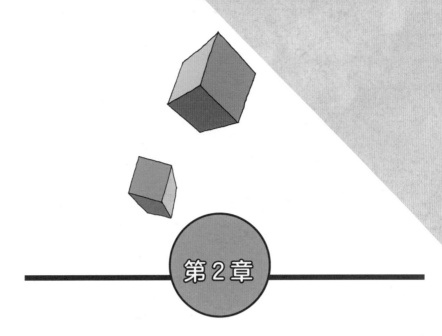

第 2 章

伸缩自如！
平行四边形升降机

平行四边形的分类

咦？是万福哥哥！

具智慧？怎么会在这个地方遇到你呀？

他的小店卖很多珍贵的模型塔，我经常去。

你们好呀，我是流浪青年企业家。

是像货郎那样的吗？

喂！

天哪！轮胎？！

妈呀！

吓……吓到了吧？抱歉，这辆车太旧了。

不过，该怎么修呀？

要想装上轮胎，首先要把卡车抬起来。

没有应急工具吗？

那……那个……工具太重了，就放在家里了。

哎呀！怎么能把应急工具放在家里呢？！

没办法了。得先找到替代工具。

用什么好呢？

我们怎么知道呀！

啊！

那个？

我去去就来！

你不会一个人逃跑吧？

几分钟后

这么快就回来了？

你拿着什么东西呀？

咦？这不是那栋废弃建筑物的门吗？

你以为我是你吗？

嗒嗒嗒嗒

好神奇。这个是怎么将卡车抬起来的呢？

我也很好奇。

它利用了平行四边形的性质。平行四边形的两条对边完全平行，所以很适合用来抬起物品。

平行四边形？

嘿嘿，听好了。

原来如此。

平行四边形的分类

4 条边长度相等的平行四边形是菱形。

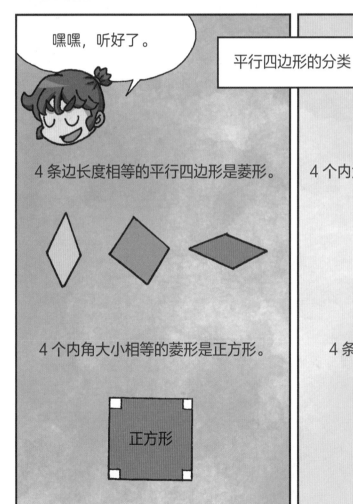

4 个内角大小相等的菱形是正方形。

正方形

4 个内角大小相等的平行四边形是矩形。

矩形

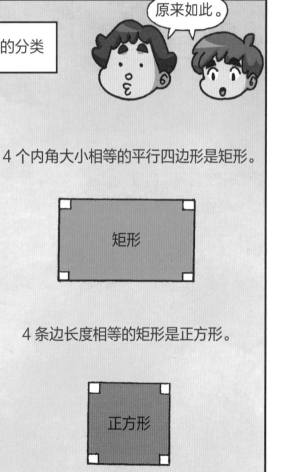

4 条边长度相等的矩形是正方形。

正方形

你们想想，在四边形中，最适合将汽车这类重物抬起的是什么呢？

首先要知道的是，地面和抬起汽车的平面必须平行。

没错！

如果不平行，汽车会滑动，容易出事故。

啊，所以是平行四边形。

没错！

地面和抬起汽车的平面正好构成了平行四边形的2条对边。

汽车修理厂中的升降机就利用了平行四边形的原理。

不过，你在这附近看到过奇怪的马戏团吗？

马戏团？啊！

我因为做生意，经常路过这里。几周前，我确实在这里看到了一个神奇的马戏团。

因为好奇，我就进去了。

是吗？你在里面看到了什么？

这个嘛……我只记得我去过那里，但我不记得在里面看到了什么。

你也是这样吗？

那你能不能想到其他奇怪的地方？

这个嘛……我回家一看，发现手里提着一袋田螺。

田……田螺？

是长得很像蜗牛的那个吗？

虽然很奇怪，但我以为是我得的奖品，而且莫名觉得很珍贵，就放在家里养着了。

之后有没有什么变化？

这个嘛……做生意的时候偶尔会算错账。这是线索吗？

你算错账了吗？

这已经够可疑了。

如果你不介意……

能让我们看看你家里的田螺吗？

当然可以。你们帮我把车修好了，我十分欢迎你们来我家玩。

哇！房间里还摆着丰盛的饭菜！

好多美食呀！不会都是为我们准备的吧？

嗞嗞

我正好饿了！

喂，你还没得到主人的允许！

嗒嗒嗒嗒

没关系，我们一起吃吧。

你们多吃点儿呀。

谢谢，我正好饿了。

狼吞虎咽

有股蜂蜜的香气！

不过，你不是一个人住吗？那这桌饭菜是谁做的？好像是刚做好的。

难道是田螺姑娘做的？哈哈哈。

那……那个……

哈哈，我开玩笑啦。

我要吃啦！

46

咦？怎么饭桌和盘子都是四边形的？

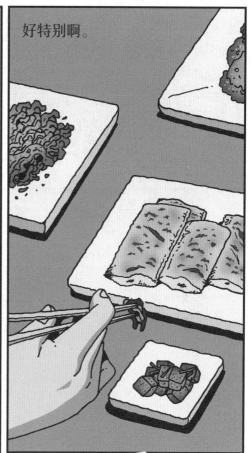

好特别啊。

奇怪，总有种别扭的感觉。

咦？！

吧唧 吧唧

宇智，快看你手上的金绳！

怎么了？我在吃饭呢！

嗡 嗡

金绳有反应，难道是……

啪

它逃走了!

看这里!

刚才它好像还在做饭。

果然是田螺怪物!

这是什么?蜂蜜吗?

馋

可能是麻痹数学思维的药!别喝!

好……好想尝尝这个味道。

咕咚

咕咚

你给我清醒点儿!

砰

哎哟!

怎……怎么了？我只是想帮助万福呀，我是个乐于助人的怪物。

田螺怪物，我们都知道了！快说出你的真实目的吧！

别想骗我们！

现……现在还没到结婚的时候，请再等3天吧。

大喊

不……不是这件事！

你以为我们是来听童话故事的吗？

刀……要进去了。

停！停！

！

宝……宝润！你还活着吗？

哈哈！吓坏了吧？

这就是切割魔术哟！

啊？

竟……竟敢把我……

怒气冲冲

竟敢玩弄我！

我一口就能吃掉你，小田螺！竟敢玩弄人心！

宝润，我们一起教训它！

万能卡

变出绳索！

数学魔法师大人，拜托你们，请放过田螺怪物！

呜呜……

怎么回事？

其实我知道它是怪物。

我碰巧看到过它做饭的样子。

但是田螺怪物是我唯一的朋友。每天深夜，当我结束工作回到无人的家中，你们知道那种感觉有多孤独吗？

自从田螺怪物出现了，我每天回家后都很开心。

哎哟！

我跟你们说实话。

一开始我是为了欺负万福才跟着他的。
但是他太可怜了，我忍不住想帮他。

好饿呀。

上次吃饭是什么时候来着？

我也很喜欢万福！

呜呜，田螺怪物！

这次的怪物都擅长利用人类的善良！

清醒点儿！它是怪物！

啊！

几分钟后

我可能疯了，竟然想放走怪物。

还好你清醒过来了。

魔法师大人，你们真厉害！这么快就找到了2个马戏团里的怪物。

嘿嘿，还好吧。

看来怪物马戏团的目的是传播数学怪物。你有没有跟别人说过马戏团的事？

那个嘛……

我向我妹妹炫耀过。

向你妹妹吗？

因为我妹妹是那种不服输的人，听了我的话，她也来看马戏团了。

天哪！

肯定有怪物跟着她！

你妹妹有危险！我们应该去哪里找她？

她一个人住在市区，最近在她家附近的一家密室逃脱咖啡厅里打工。

这是地址。

快过去吧！情况紧急！

呜呜……那个该死的马戏团真讨厌！

一起走吧！

·首尾衔接的概念·

第1章	第2章	第3章	第4章	第5章
三角形	**平行四边形的分类**	**多边形的内角和**	**单位面积**	**各种图形的面积**
三角形很稳定，如果边长不变，内角就不会变。	根据不同的边长及内角大小，平行四边形有不同的种类。	多边形可以分成很多个三角形。	图形的面积可以用单位面积来表示。	只要会求矩形的面积，就能求很多图形的面积。

1厘米
1厘米
1平方厘米

① 4 条边长度相等的四边形

菱形和正方形一样，4 条边长度相等。

菱形只要满足 4 条边长度相等这个条件就可以。

正方形不仅要满足 4 条边长度相等这个条件，连 4 个内角的大小也要相等。

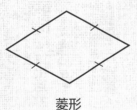

菱形

正方形

> 所有的正方形都是菱形，但并非所有的菱形都是正方形。

② 对边长度相等的四边形

矩形和平行四边形一样，对边长度相等。

矩形不仅对边长度相等，4 个内角的大小也相等。

平行四边形虽然对边长度相等，但 4 个内角的大小并不一定相等。

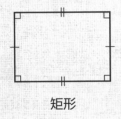
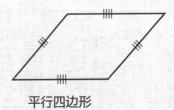

矩形

平行四边形

> 所有的矩形都是平行四边形吧？但并非所有的平行四边形都是矩形。

据说伸缩门和汽车修理厂里的升降机利用了平行四边形原理？

没错。伸缩门以及汽车修理厂里的升降机都运用了平行四边形原理。平行四边形是 2 组对边分别平行的四边形。平行四边形不具有稳定性，因此，平行四边形状的伸缩门或升降机可以在不用时折叠起来，只占用最小的空间，必要时则可延展到对边平行的程度。尤其是汽车升降机，能够平行地抬起汽车，便于作业且更安全。

 邻边长度相等的平行四边形是什么图形呢？

为了解决这个问题，必须充分了解平行四边形的定义和性质。平行四边形的定义是 2 组对边分别平行的四边形，具有对边长度相等的性质。综合这 2 个条件可得，平行四边形是 2 组对边分别平行且长度相等的四边形。因此，如果邻边长度相等，可以推断出给定的平行四边形的 4 条边长度相等。4 条边长度相等的平行四边形是菱形。但即使 4 条边长度相等，也不能保证 4 个内角大小相等，所以不一定是正方形。

第3章

密室逃脱！
多边形里的绿豆军团

多边形的内角和

开业时间是明天。

幸好还没有客人被怪物伤害。

只要确认万福哥哥的妹妹没事就行了。

新店开业
○月 △日
多边形
密室逃脱咖啡厅
3楼 123-4567

妹妹的名字是……吴万淑？

嗯，听说她在这里打工。

是3楼吧？快上去看看。

嗒
嗒
嗒

啊！

咣

谁在楼梯上跑这么快啊？！

实……实在抱歉。

宇智，宝润？

啊！马道秀代表？！

呵呵，你们不会要去3楼的密室逃脱咖啡厅吧？还没开业呢。

没错。那马代表来这里有何贵干？

哈哈，我来找客户谈事情。你们来找数学怪物吗？

放弃吧！就算你们是数学魔法师，密室逃脱也没那么容易。

吓唬谁呢？！走着瞧吧！

你们加油，嘿嘿。

遇见马代表算是意外收获。这个多边形密室逃脱咖啡厅一定和数学怪物有关。

所以吴万淑姐姐才会被雇用吗？

就是这里呀。

当啷

咦？还没开业呢。

哇！和万福哥哥长得一模一样！

原来是双胞胎呀！

你们认识万福吗？

等等！你们是不是数学魔法师？

是……是的。

哇！我是你们的忠实粉丝！

咳咳！

抱紧

什么？数学怪物？

我从没见过呀！

真的吗？

那你见到马戏团之后，有没有遇到什么奇怪的事？

例如总是算错数之类的。

这个嘛，刚好相反，遇到了好事——我可以在这里工作。

是……是吗？

真是稀奇啊，竟然什么事都没发生。

姐姐，这里的老板是什么样的人呀？

我们在这里找找其他线索吧。

老板？啊，他正好出来了。

70

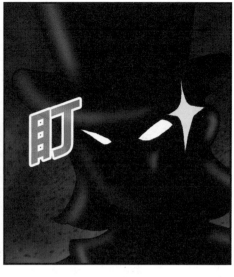

嗬!他的眼神好可怕。

他手里拿着什么呢?
是瓶子吗?

瓶子里装的是什么?

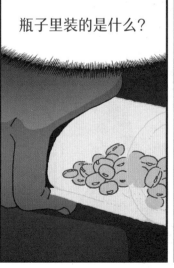

老板总不说话。我也是几天前才第一次见到他，对他一无所知。

话说回来，既然你们来了，要不要体验一下多边形密室逃脱呀？

不用了，我们不是来玩游戏的。

因为还没正式开业，所以你们可以免费玩！这种优待别人可享受不到。

一般的密室都是方形的，但这里有各种各样的形状。

密室有很多不同的形状？

还有惊险刺激的追逐战呢！

追逐战？

说起那间密室，我感觉它会成为人气最高的密室！

AR 多边形密室!

首先，戴上这个 AR 头盔。如果不能快速解决问题，就会有人追上来。

小心别被抓到，尽快逃出密室就可以！祝你们好运！

竟然是多边形密室，不会和马戏团有关吧？

有点儿可疑。趁这个机会好好调查一下这家咖啡厅吧。

要想逃出房间，得先找出线索吧？

图像很真实呢！

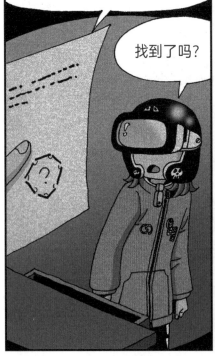

桌上有张纸，上面好像有个问题啊？

找到了吗？

"请求出这间多边形密室的内角和。"

先看看这间密室的形状是什么多边形。

请求出这间多边形密室的内角和。

74

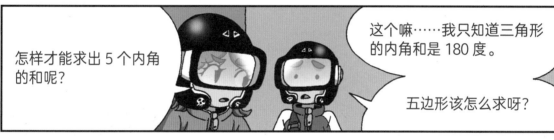

75

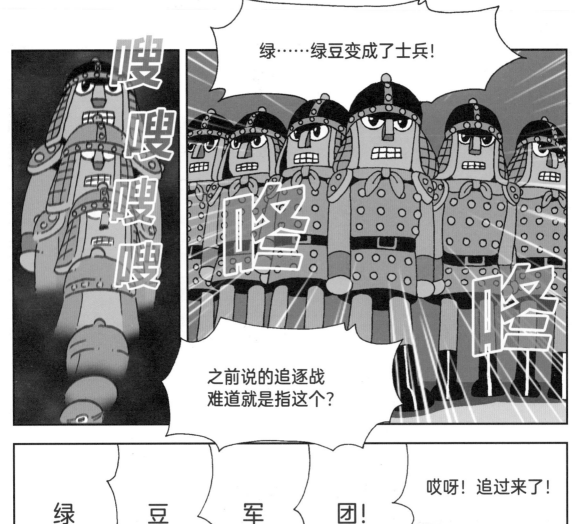

哇!

虽然是怪物,但它们好厉害呀!

哎呀! 不能沉浸在里面!

清醒点儿!

啪啪
啪啪
啪啪

这种表演就是为了吸引人,让人流连忘返,忘记逃脱!

这些怪物都是能扰乱心智的家伙!

我们快点儿求出五边形的内角和,然后逃出去吧!

该怎么求呢?

已知的条件是,三角形的内角和为 180 度!

180 度

180 度

180 度

形状不同的三角形的内角和都是 180 度。

可以利用三角形的内角和来求五边形的内角和吗?

180度

?

啊!

有办法了!

将五边形分割成三角形!

将五边形分割成边数最少的多边形——三角形。

?

啪

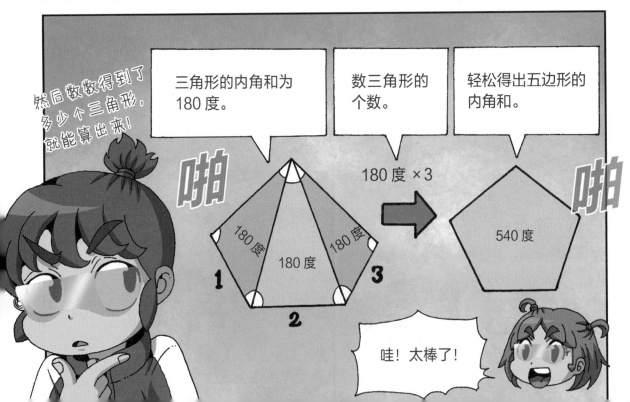

然后数数得到了多少个三角形,就能算出来!

三角形的内角和为180度。

数三角形的个数。

轻松得出五边形的内角和。

180度×3

啪

180度 180度 180度

1 2 3

540度

啪

哇!太棒了!

尽头的门上写着"540"，看来那里是出口！

在我们逃出去之前，先挡住这些绿豆士兵吧！

怎么做呀？

用数学魔法将五边形密室分割成多个三角形区域……

把它们关在一起就可以！

咣

屏障法！

按刚才的方法再来一次就行！将密室分割成几个三角形！

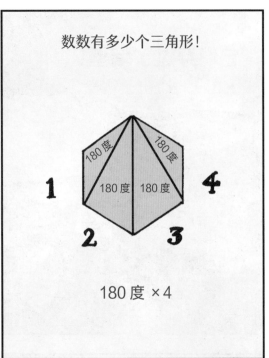

数数有多少个三角形！

180 度 × 4

六边形的内角和为 720 度！

720 度

720

是左边的门！

出去之前再设置一道墙壁！

我是黑暗驯兽师魔团!

魔……魔团?

原来是你!

让你们瞧瞧我真正的样子!

挥动

挥动

哼哼!

啊!姐姐变得好奇怪!

那也是魔法吗?

90

算你们运气好，数学魔法师！

下次再见吧！

姐姐，你现在恢复意识了吗？

嗯，我刚才好像疯了，被那束光击中后，我突然头晕目眩，只想攻击你们。

原来是这样啊。

黑暗驯兽师魔团……是个危险人物。

·首尾衔接的概念·

第 1 章
三角形
三角形很稳定，如果边长不变，内角就不会变。

第 2 章
平行四边形的分类
根据不同的边长及内角大小，平行四边形有不同的种类。

第 3 章
多边形的内角和
多边形可以分成很多个三角形。

第 4 章
单位面积
图形的面积可以用单位面积来表示。
1厘米
1厘米 | 1平方厘米

第 5 章
各种图形的面积
只要会求矩形的面积，就能求很多图形的面积。

① 多边形的定义

由 3 条或 3 条以上的线段首尾顺次连接且不相交组成的封闭图形叫作多边形。

多边形可以根据边数来划分，3 条边的是三角形，4 条边的是四边形，5 条边的是五边形。

想一想：圆是多边形吗？

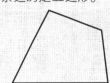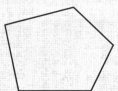

② 多边形的内角和

三角形的内角和为180度，根据这个条件就能求出其他多边形的内角和。下面的图展示了将多边形分割成三角形来求内角和的过程。

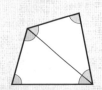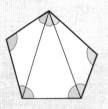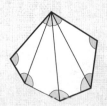

四边形可以分割成 2 个三角形，所以四边形的内角和为 180 度 ×2=360 度。

五边形可以分割成 3 个三角形，所以五边形的内角和为 180 度 ×3=540 度。

六边形可以分割成 4 个三角形，所以六边形的内角和为 180 度 ×4=720 度。

崔博士问答时间！

　　如图所示，将六边形的每个顶点与其内部的一个点分别连接起来，能得到 6 个三角形。所以，六边形的内角和应该是 180 度 ×6=1080 度，为什么和前面出现的 180 度 ×4=720 度不一样呢？

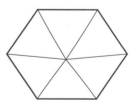

　　分割六边形的方法有很多。如图所示，分割后形成了 6 个三角形，但这些三角形的内角中有一些并不是这个六边形的内角。图中中心部分的 6 个角之和为 360 度，这些角并不是六边形的内角，所以应该从总和 1080 度中减去。1080 度 −360 度 =720 度，与 180 度 ×4=720 度的结果相同。

　　在五边形的某条边上找一个点，并将这个点分别与五边形的每个顶点连接起来，就能形成 4 个三角形，那么内角和应该是 180 度 ×4=720 度。但是，五角形的内角和不是 540 度吗，怎么不一样呢？

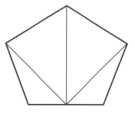

　　就像上面的六边形问题那样，只要思考一下，就会发现产生差异的原因。图中有 4 个角并不是五边形的内角，它们的和为 180 度，因此，要将总和减去 180 度，即 720 度 −180 度，答案为 540 度。

第 4 章

面积之争？
神奇披风上的矩形大小

单位面积

竟然发生了火灾，幸好伤得不重。

你们在那里碰到了魔团？

是的，魔团不仅开了怪物马戏团，还开了密室逃脱咖啡厅来引诱人们。

看来是个非常执着的顶级魔法师。

天哪！

他用奇怪的光芒攻击万淑姐姐时那恶狠狠的表情，太可怕了。

那对兄妹叫吴万福和吴万淑吗？他们还好吗？

他们没事。他们知道自己被骗了，说从现在开始会小心。

长鼻怪物、田螺怪物、绿豆军团……
感觉它们都是被魔团控制的怪物。

嗯，魔团肯定还会通过其他方式再次接近你们，一定要时刻保持警惕。

好的。

咦？ 万福哥哥给我发短信了？

丁零

"我想告诉你一些关于怪物马戏团的事。没时间了，马上在之前碰面的小树林里见吧。"

什么呀？

难道他们想起了在马戏团里看到的景象？

那我们赶紧过去吧！

孩子们，小心点儿！

走开！是我
先抓到的！

胡说八道！明明
是我先抓到的！

这对兄妹真是……

怒气 冲冲

那个……你们停一下。

啪

啪

你们倒是先说说
为什么要打架！

妈呀！

咣

唉，确实
有些突然。

没办法，我
只能说说我
们的故事。

虽然你们是我们的恩人，但我们也没办法。见到你们之后，我们想起了以前一直不愿面对的问题。

这次一定要解决。

以前的问题？什么问题啊？

2年前，我们是棱角马戏团的团员。那是个很有名的马戏团。

我们的特技是杂耍抛接物。别人都叫我们神童兄妹。

哇啊！

热烈鼓掌

棱角马戏团以我们敬爱的师父为中心，所有团员都像家人一样和睦相处。

但是，2年前师父去世了，团员们因为继承人的问题发生了争执。

争执？

是不是和披风上的图形有关？

你怎么知道？！

没错，这个图形就是争执的起因。

棱角马戏团的传统是，披风上画的图形面积最大的人是继承人。

师父去世前给了我们一人一件披风。

但他没说哪件披风上的图形面积更大。

于是，团员们分成两派，相互争斗。最后，马戏团解散了，只剩下我们俩。

你现在放弃也不迟!

想得美!你放弃吧!

真是的,你们俩的问题为什么要牵扯我们?

为什么要攻击我们啊?

这个嘛……几天前,师父在梦里出现了。

师父说先打败数学魔法师的人就是真正的继承人。

咦?

一线

希望

哎呀……

这是什么情况啊?

这个故事和所谓的梦都是谎言吧?我才不信!

大喊

喂,冷静点儿,朋友。

无论你们说什么,对我们来说都不重要。如果不能弄清哪个图形面积更大,那么只有打倒你们,我们才能确定继承人究竟是谁!

盯

然后重组棱角马戏团!

哇！披风卜的图形被分割成小方块了！

百闻不如一见，我来为你们示范吧。

在表示图形的面积时，可以将边长为 1 厘米的正方形的面积作为单位面积。

1 厘米
1 厘米
1 平方厘米

1 平方厘米（方格纸一格的面积）

然后数一数各个图形中单位面积的个数，就能求出它们的面积。

1 平方厘米

1 平方厘米

1 平方厘米

正方形的面积是……
长 30 格，宽 30 格。

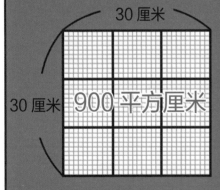

30 厘米

30 厘米

900 平方厘米

30 厘米 ×30 厘米 =900 平方厘米

长方形的面积是……
长 50 格，宽 18 格。

50 厘米

18 厘米

900 平方厘米

50 厘米 ×18 厘米 =900 平方厘米

900 平方厘米！

师父，原来您别有深意啊！

呜呜呜

似乎已经解决了？

嗯。谢天谢地，这下不用打架了。

嗖嗖嗖

咦？

砰

师……师父？！

师父？

您不是去世了吗？

两个愚蠢的家伙！

我说的不是这个!

我不是在梦里说过吗?规则已经变了!先打倒数学魔法师的人才是继承人!

对不起,师父!我们没有领悟师父的深意,请惩罚我们!

呜呜呜

什么?

你在说什么鬼话!

真无语!

忘掉披风的事吧!然后打倒数学魔法师!

可是,要视披风如命,这不是师父您说的吗?

这位师父很可疑。

你看,金绳有反应。

嗡嗡嗡

果然是怪物!

这是……石像怪物!

你们别被骗了!这不是你们的师父,是怪物!

真……真的吗?

喂!你不是守护正义的怪物吗?为什么要做这种事?

哈哈哈哈!

我就是只有分出胜负才解气的石像怪物!

所以才出现在他们的梦里,让他们相互争斗。

打成平局可不行!

嗷

呜

我会让他们打架,然后分出胜负!

一点儿都不像石像怪物。是不是被魔团洗脑了?

同意!

抱拳

115

118

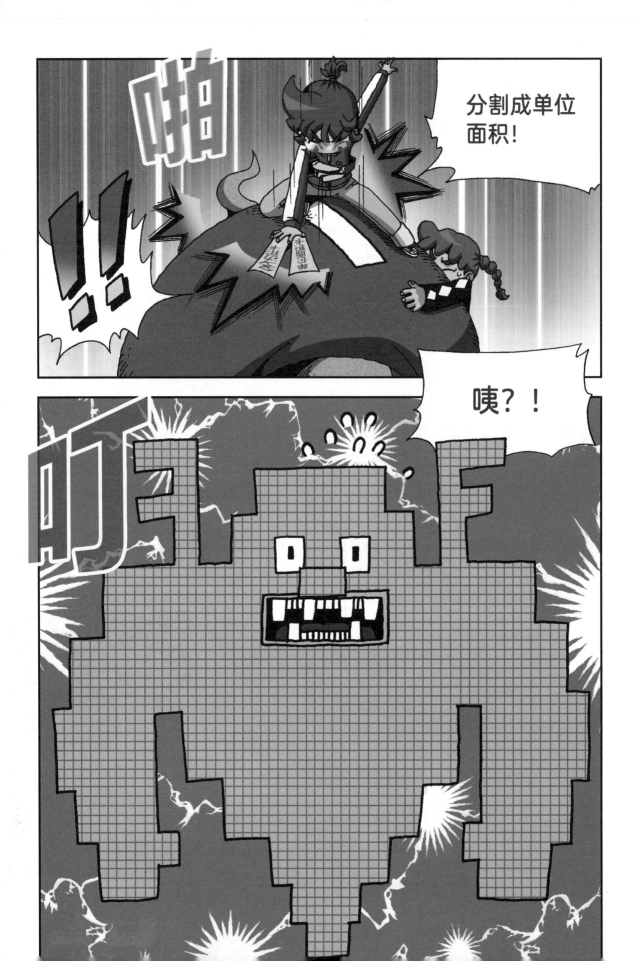

啊！呜呜呜！

嗖嗖嗖嗖

成功了！ 我们制服了它！

乖乖做好被封印的准备吧！

啊啊啊！ 成功！

唰唰

披风救了我们。 啊，我敬爱的师父！

弟子惭愧，不理解师父的深意。

我一直认为，为了马戏团的发展，你们应该齐心协力。可你们却天天打架……

幸好你们现在醒悟了。你们应该重新召集分散的团员们，齐心协力经营马戏团。

我们明白了，师父！

还有一件事……

离间你们的魔团，我也见过。

什么？

魔团正在损害马戏团给人们带来安慰和幸福的价值。为了捍卫马戏团的荣誉，一定要与他斗争到底！

好的，师父。

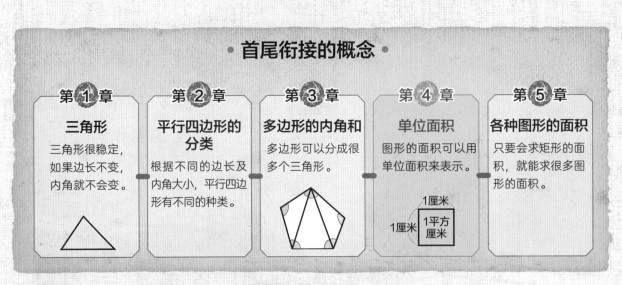

·首尾衔接的概念·

第1章	第2章	第3章	第4章	第5章
三角形	平行四边形的分类	多边形的内角和	单位面积	各种图形的面积
三角形很稳定，如果边长不变，内角就不会变。	根据不同的边长及内角大小，平行四边形有不同的种类。	多边形可以分成很多个三角形。	图形的面积可以用单位面积来表示。	只要会求矩形的面积，就能求很多图形的面积。

① 单位面积

在表示图形的面积时，通常可以用边长为 1 厘米的正方形的面积作为单位面积。这个正方形的面积为 1 平方厘米。

② 矩形的面积

想求出矩形的面积，就要弄清楚矩形里面可以容纳多少个单位面积大小的正方形。将矩形的长和宽分割成 1 厘米的小段，数数一共被分割成多少个边长为 1 厘米的正方形。此时，由于被分割的正方形面积相等，所以不需要逐个数，只要利用乘法，计算横向个数 × 纵向个数，就可以得出矩形的面积。

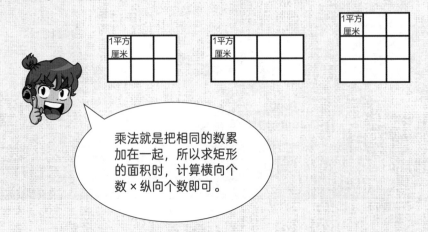

乘法就是把相同的数累加在一起，所以求矩形的面积时，计算横向个数 × 纵向个数即可。

像矩形那样规则的图形可以通过横向和纵向相乘求出面积，那不规则的形状怎么算呢？

这个问题对数学家来说一直都是个难题。虽然现在可以用积分精确地计算，但在发明积分之前，人们是利用方格纸来计算的。

下图是为了测量不规则的土地面积而尝试的方法之一。方格纸上是一个岛屿的地图，每个小方格的实际距离分别为 20 千米、10 千米、5 千米。方格越窄小，越能精确地表示该岛屿不规则部分的面积，误差就越小。所以，可以不断缩小方格的面积，让这个差异变得很小，再求其面积。

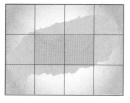 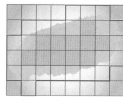 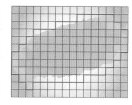

 为什么圆的面积 = 半径 × 半径 × 圆周率?

圆虽然不是不规则的形状，但它由曲线围成，不能用正方形的单位面积来分割。然而，只要以圆心为基准将圆分割开，再重新组合，就能拼成一个近似矩形的图形。将圆变为矩形，会出现以下公式。

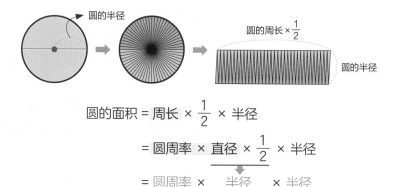

$$圆的面积 = 周长 × \frac{1}{2} × 半径$$

$$= 圆周率 × 直径 × \frac{1}{2} × 半径$$

$$= 圆周率 × 半径 × 半径$$

第5章

图形分割！
恶魔马戏团的生死战

各种图形的面积

魔团!

你竟然伤害师父!我们不会放过你!

听他的话有什么用?如果你们还想经营马戏团,就来我这边!

你这个压榨团员的团长,谁愿意跟随你呀!

你只是利用马戏团来满足自己的私欲!我们会一直追随师父!

哼,真是愚蠢,竟然拒绝加入我的怪物马戏团!

134

135

各位观众，下一个节目是……黑暗杂技！

哇啊啊啊啊！

通向黑暗谷的大门即将打开！参赛者们真的能撑住吗？

这是什么把戏呀？他究竟要让我们表演什么？

他打算用我们吸引观众！真是个恶棍！

来吧！光站着可就没意思了！

哇 哇 哇

小心!

是悬崖!

这火焰又是什么呀?!

呼

呼

呼 呼

好了, 黑暗谷之门打开了!

哎呀, 好可怕呀, 他们能撑多久呢?

哇哇哇哇!

掉下去!

快掉下去!

啊啊啊!

不可以!

救救我!

怎么办?怎么办?万福掉下去了!

别担心,这只是幻觉。万福哥哥会没事的!

呜呜……

140

竟然说这是幻觉！你的意思是我的马戏团是假的？哼，试试看你就知道了！

哇哇哇哇！

掉下去！

掉下去！

再来一次如何？

又开始摇晃了！

稳住！

嘎吱

嘎吱

这里太可怕了！根本不是正常的马戏团！

因为地面倾斜了，所以站不稳。

我们该怎么办？

大汗淋漓

有没有办法让舞台恢复原状呢？

太好了！又变成矩形了！

啪

啊，是石福！

火焰果然是幻觉，万福平安回来啦！

真是万幸呀。

咳咳！到底发生了什么事？

还挺像样的！

那我就为你们准备一个更有趣的节目吧！

长鼻怪物！

让他们尝尝火焰的滋味！

抽打

又在欺负可怜的长鼻怪物！

抽

打

咕！

145

150

151

哈哈哈！想逃到哪里去！

我又为你们准备了一个平行四边形！

啊！我受够了！

魔团，你是不是和平行四边形有什么恩怨啊？

等等，宇智！

用哪张魔法卡才能把那家伙的鼻子压扁呢？

你有三角形卡吗？我有个好主意。

三角形卡？

你要用三角形卡做什么呢？

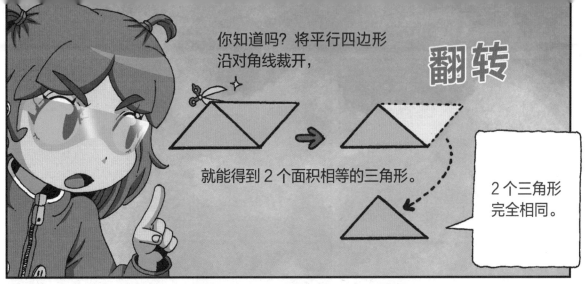

你知道吗？将平行四边形沿对角线裁开，

翻转

就能得到 2 个面积相等的三角形。

2 个三角形完全相同。

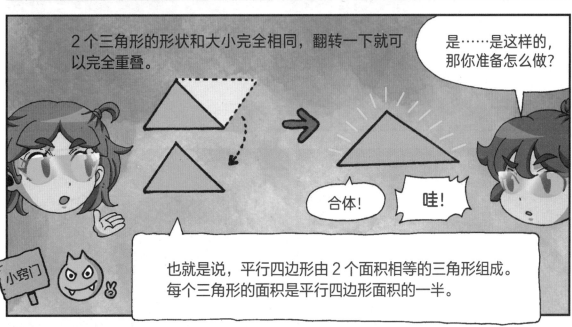

2 个三角形的形状和大小完全相同，翻转一下就可以完全重叠。

是……是这样的，那你准备怎么做？

合体！

哇！

小窍门

也就是说，平行四边形由 2 个面积相等的三角形组成。每个三角形的面积是平行四边形面积的一半。

将形如平行四边形的地面分割成两个三角形，把魔团放在中间，然后叠在一起压住他！

啊！

哇！韩宝润！你真是个天才！

好的！我会照做的！

多边形面积卡

平行四边形卡

三角形卡

153

当然了。受到那种程度的冲击，他肯定不会再出现了。

长鼻怪物也一起消失了。

咦？

真厉害，不愧是数学魔法师。

一动

我才不会消失！

哇

啊！那是什么？！

156

数学魔法小课堂

·首尾衔接的概念·

第①章	第②章	第③章	第④章	第⑤章
三角形	**平行四边形的分类**	**多边形的内角和**	**单位面积**	**各种图形的面积**
三角形很稳定，如果边长不变，内角就不会变。	根据不同的边长及内角大小，平行四边形有不同的种类。	多边形可以分成很多个三角形。	图形的面积可以用单位面积来表示。	只要会求矩形的面积，就能求很多图形的面积。

① **平行四边形的面积**

平行四边形的面积可以通过求矩形面积的方法来算。

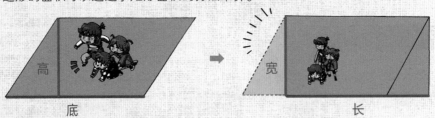

矩形的面积是长 × 宽，换成平行四边形的用语就是底 × 高。

② **三角形的面积**

三角形的面积可以用计算平行四边形面积的方法来算。

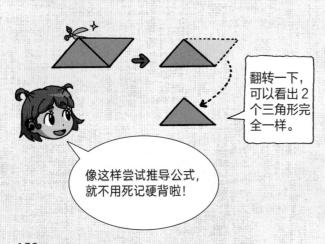

翻转一下，可以看出 2 个三角形完全一样。

如果将平行四边形沿对角线裁开，就会得到 2 个一模一样的三角形。2 个三角形的面积相等，所以每个三角形的面积是平行四边形面积的一半。因此，三角形的面积公式为底 × 高 ÷2。

像这样尝试推导公式，就不用死记硬背啦！

158

为什么菱形的面积公式这么复杂呢？

教科书中推导菱形面积公式的过程如下：画出菱形的 2 条对角线，然后画 1 个 4 条边的中点刚好是菱形的 4 个顶点的矩形，该矩形的面积是菱形面积的 2 倍。将 2 条对角线的长度相乘，得到矩形的面积，再除以 2，就是菱形的面积。不过，不一定要用这种方式计算菱形的面积。只要将

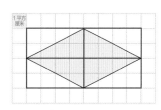

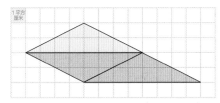

菱形对半分割并重新组合，就能形成 1 个平行四边形，因此，我们可以用平行四边形的面积公式计算菱形的面积。

 梯形的面积公式也非常复杂，有更简单的解决方法吗？

梯形的面积公式为（上底＋下底）× 高 ÷ 2，确实很长，要记住也确实很难。书上用右图说明了这个公式。

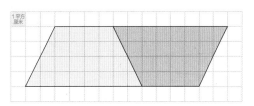

如果换个角度来看，你会发现不需要背公式。可以将梯形分割成 2 个三角形，也可以分割成 1 个平行四边形和 1 个三角形或者 1 个矩形和 2 个三角形，然后分别求出每个被分割出来的图形的面积，再相加，就能得到梯形的面积。

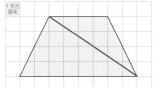
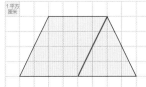
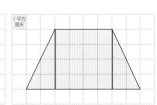

思维导图三

图形的要素

角　　　面积

三角形
三角形的内角和是 180 度。

180 度

稳定性

三角形的 3 条边的长度确定后，3 个内角的大小自然就确定了。只要边长不变，内角大小也不会变，所以三角形是非常稳定的图形。

四边形
沿四边形的对角线分割，会得到 2 个三角形，所以四边形的内角和是 180 度 × 2 = 360 度。

各种建筑物中都包含三角形结构。你知道三角形有多稳定吗？

五边形
沿五边形的对角线分割，会得到 3 个三角形，所以五边形的内角和为 180 度 × 3 = 540 度。

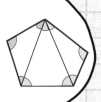

六边形
沿六边形的对角线分割，会得到 4 个三角形，所以六边形的内角和为 180 度 × 4 = 720 度。

单位面积

边长为 1 厘米的正方形的面积就是单位面积。在求图形的面积时，可以充当面积单位。

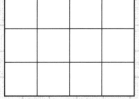

矩形的面积

将矩形的长和宽分割成 1 厘米的小段，数数一共被分割成多少个边长为 1 厘米的正方形，就可以求出矩形的面积。矩形的面积公式为长 × 宽。

平行四边形的面积

将平行四边形分割再重新组合，就可以拼成 1 个矩形，求出矩形的面积即可。平行四边形的面积公式为底 × 高。

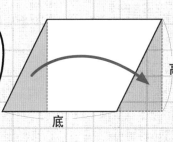

平行四边形的对边平行，由于平行四边形不具有稳定性，所以平行四边形状的物体既可以压缩至扁平状态，也可以在与地面保持平行的状态下将物品抬起，所以在生活中用途很广。

既能压缩又能平行地抬起物体，是不是很有用啊？

三角形的面积

将 2 个完全相同的三角形拼在一起，形成 1 个平行四边形，三角形的面积就是平行四边形面积的一半。三角形的面积公式为底 × 高 ÷2。

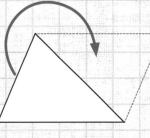

梯形的面积

将 2 个完全相同的梯形拼在一起，形成 1 个平行四边形，梯形的面积就是平行四边形面积的一半。梯形的面积公式为（上底＋下底）× 高 ÷2。

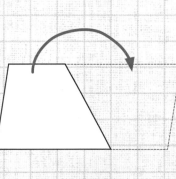

图书在版编目（CIP）数据

数学打怪大冒险．几何图形 ／（韩）李韩律著；
（韩）崔水日编 ；（韩）丁贤熙绘 ；赵子媛译. —— 济南 ：
山东人民出版社，2022.11

　　ISBN 978−7−209−14043−0

　　Ⅰ．①数… Ⅱ．①李… ②崔… ③丁… ④赵… Ⅲ.
①数学－儿童读物 Ⅳ．①O1−49

中国版本图书馆CIP数据核字(2022)第182530号

数学打怪大冒险·几何图形
SHUXUE DAGUAI DAMAOXIAN JIHE TUXING

[韩] 崔水日 编　　[韩] 李韩律 著　　[韩] 丁贤熙 绘　　赵子媛 译

主管单位　山东出版传媒股份有限公司
出版发行　山东人民出版社
出 版 人　胡长青
社　　址　济南市市中区舜耕路517号
邮　　编　250003
电　　话　总编室（0531）82098914
　　　　　市场部（0531）82098027
网　　址　http://www.sd−book.com.cn
印　　装　天津丰富彩艺印刷有限公司
经　　销　新华书店

规　　格　16开（185mm×255mm）
印　　张　10.5
字　　数　131千字
版　　次　2022年11月第1版
印　　次　2022年11月第1次
ISBN 978−7−209−14043−0
定　　价　228.00元（全4册）
　　　　　如有印装质量问题，请与出版社总编室联系调换。

수학요괴전 4:퍼즐킹
대회의 음모

图形镶嵌

［韩］崔水日 编　［韩］李韩律 著

［韩］丁贤熙 绘　赵子媛 译

山东人民出版社·济南

国家一级出版社 全国百佳图书出版单位

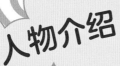

人物介绍

韩宝润

宇智的好朋友，一名优秀的数学魔法师，随身带着封印数学怪物的怪物手册。做事非常细心，很有计划，看到不正义的事情就会毫不犹豫地挺身而出。为了帮助鲁莽的宇智，她一直在努力学习。

全宇智

本书的主人公，一位爱惹祸的淘气鬼。他是一名拥有极高天赋的数学魔法师，能够消灭迫使人们放弃数学的怪物。他运营着有百万订阅者的数学科普频道"数学打怪大冒险"，向订阅者传播数学的乐趣。

崔博士

数学教育学博士，研究出连接概念的数学学习法，带头帮助放弃数学的人们，也是带领宇智走上数学学习之路的人。在开办数学教育研究所的同时，指导宇智和宝润打怪作战。他还很喜欢说冷笑话。

和谈老师

崔博士的朋友，虽然他是传统文化研究专家这一点广为人知，但实际上是一个守护正义的顶级魔法师，试图阻止其他顶级魔法师消灭数学的行动，也是教宇智和宝润魔法的老师。

宋盈盈

数学教育研究所的研究员，负责制造宇智一行的特殊护目镜等打怪装备，还负责剪辑上传到"数学打怪大冒险"频道的视频。

目录

第1章

竞赛开始！
多边形内角和
难题大攻克

多边形的内角

哈哈哈!

我复活了!

身体变蓝了!
和长鼻怪物的
肤色一样!

不⋯⋯不会吧?

浑蛋魔团！我要像对付石像怪物一样把你大卸八块！

啊！不可以！那样长鼻怪物也会受伤的！

如果不猛烈攻击，就无法阻止魔团！

可，可是……

咕！

不行！你不能这么做！

总得打败魔团再说！

啊！

啊！

火势太大了！

快躲到石头后面！

咳咳！咳咳！

你……你没事吧？

该怎么办呢？

哈哈哈，你们以为我只有这点儿本事吗？让你们好好瞧瞧我的厉害！

尝尝这个！

石……石头！

在……在我们头上！

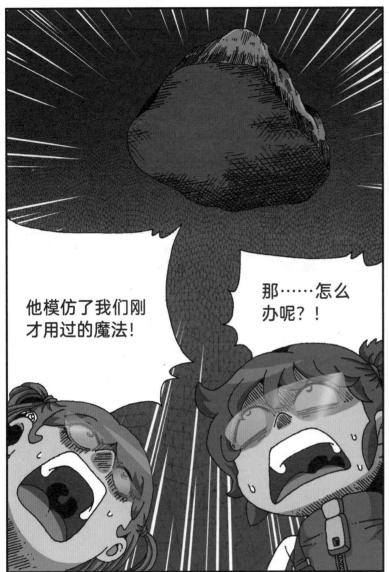

他回到原来的样子了！

哼！

魔团，回来吧。回到我们身边，魔团。

？！

哎呀！起鸡皮疙瘩了！这是什么声音？

我第一次听到这么阴森的声音！

现……现在还不行。

地在摇晃！

嗒嗒嗒嗒嗒

啪

啪

啊！

好……好可怕。原来顶级魔法师也会被关进黑暗谷里呀。

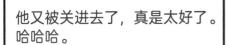
他又被关进去了，真是太好了。哈哈哈。

……

长鼻怪物牺牲自己，救了我们。

哽咽

八大高手也好，顶级魔法师也好，我讨厌这种争斗。

长鼻怪物这家伙确实很出人意料，是个知恩图报的怪物。

咕

长鼻怪物，希望你平安无事，谢谢你。

天亮了。

马戏团的帐篷不见了。

啊！你们没事吧？

哎哟，我的脑袋。

就像做了一个可怕的噩梦。谢天谢地，一切都恢复原样了。

喂，宝润！

咦？

成功解决！

击掌

太棒了！

这铃声……确实是宇智的风格。

数学魔法师 ♫
万万岁♪

喂，爸爸，什么事呀？怎么这时候给我打电话？

宇智，听说你昨晚熬夜拍视频？累坏了吧？

爸爸，你是因为担心我才给我打电话吗？

哽咽

还记得你之前想要的限量版"概念连接数学拼图"吗？爸爸连夜排队买到了！快回家吧。

真的吗？！哇，爸爸最棒了！

渴望

你知道爸爸很爱你吧？

哎呀，这么肉麻，让人怪难为情的。

我也爱你哟！

真无语。

全宇智，你是全氏家族的顶梁柱，哈哈哈！

好开心呀。

我们回去吧，宝润。

宇智，你很开心吧？得到了爸爸满满的爱。

哇！天可真蓝呀！

1周后

好好休息了1周再来研究所，真好呀。

身心都很轻松。

对了，你爸爸给你买的拼图怎么样呀？

超级棒，不枉我等了1年。

是吗？我不知道你这么喜欢数学拼图。

我可是拼图迷呀，还参加过比赛。

哎哟！

池慧秀
（12岁）

谁在大马路上找碴儿啊？

什么？找碴儿？

数学魔法师？
你可真不害臊。

大名鼎鼎的数学魔法师难道会故意这样做吗？

什么？你不知道数学魔法师吗？你不看视频网站吗？

我为什么要看那种东西？浪费时间。

网上找不到。这是一个非公开比赛，需要下载手机软件，被邀请才能参加。

我们对数学竞赛也是略知一二的，但这个比赛确实第一次听说，哪里能找到比赛信息呢？

你们这种平凡的小孩子就别做梦了，这可是选拔最优秀的数学人才的比赛。

这家伙居然看不起我们！

最优秀的数学人才？

天哪！要在 30 分钟内输入正确答案，你们浪费了我的时间！

只剩 7 分钟了！

原来是预选赛。输入这道题的答案，就会立刻通知你有没有通过预选赛吗？

你能不能让开，别妨碍我！

哇，题目有点儿难呀？

看什么呢，我也要看看。

能不能让开？！

25

将三角形分割成
3 个部分,

再将原本的 3 个
角拼在一起, 使
其顶点重合, 就
是 180 度!

什么呀! 原来这么简单啊!

将三角形分割成 3 个部分, 再拼在一
起, 使原本的 3 个角的顶点重合, 就
能构成 180 度! 所以, 所有三角形
的内角和都是 180 度!

不知道决赛的题目会不会也是证明题，我一定得好好准备！

一分一秒都不能浪费，得快点儿回去学习。

啊？

喂！起码得说声谢谢再走吧！

哈哈！看来是位沉迷数学的朋友呀。

几分钟后

智力竞赛？

这个嘛，我也是第一次听说。

智力竞赛？那是什么呀？给我看看。

那个……我确实下载了那个手机软件。

听说只有输入邀请码才能登录。

预选赛的题目是什么呀？

是吗？什么比赛搞得这么神秘？

看来不是普通的比赛。

要求说出证明三角形的内角和为 180 度的方法。

出题人好像懒得出题，连选项都不给，还要求立即写出证明题的答案。

哈哈哈，好像不是这样。这道题恐怕花了出题者不少心思。

为什么呀？

学习图形的原因之一是为了培养逻辑思维。用数学逻辑来解释图形的概念比单纯地做题更有帮助。

看来这位出题人是想确认参赛者是否好好掌握了数学概念。

啊，原来那么有深意呀。

真无聊。

如果是那样，我也能做好。

360度

除了三角形，我还能说明为什么四边形的内角和是 360 度。

真的吗？怎么做呢？

把四边形分成 4 块，再将原本的 4 个角聚到一个点上进行拼接，合起来就是 360 度。因此，所有四边形的内角和都是 360 度。

哇，真厉害！

这和刚才证明三角形内角和的方法一样嘛。

恐怕韩宝润根本想不出这种方法。

真是的。你就那么想赢我吗？

我要让你知道，我可没那么容易对付。

别太勉强了。

别忘了之前和绿豆军团作战时用过的方法。画出四边形的 1 条对角线，分成 2 个三角形，就能求出来。

180 度 × 2=360 度

你记得很清楚啊。

啊！是的。

31

不过，说起四边形，我想起一件事，刚才把我绊倒的地砖是矩形的。

啊！我也被绊倒了，才遇到了那家伙。

都是因为那块地砖！要不是它……

啦啦！

孩子们，你们知道为什么人行道上铺的地砖是矩形的吗？

肯定是因为矩形比较规整，能够很好地嵌进去。

啊？

那你能用数学方法解释原因吗？

啊？这不是理所当然的吗？这怎么解释呀？

我刚才说过，数学可以培养逻辑思维。从逻辑上解释看起来理所当然的事，就是数学。

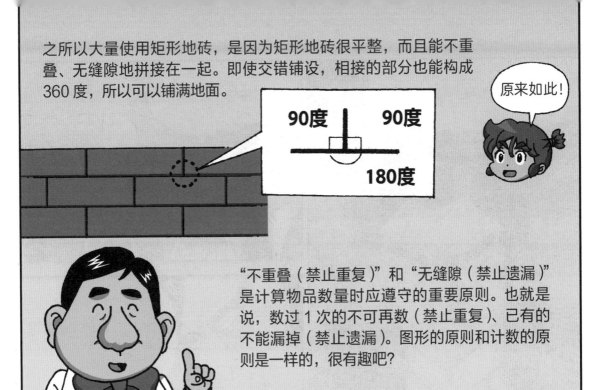

之所以大量使用矩形地砖，是因为矩形地砖很平整，而且能不重叠、无缝隙地拼接在一起。即使交错铺设，相接的部分也能构成360度，所以可以铺满地面。

原来如此！

90度　90度

180度

"不重叠（禁止重复）"和"无缝隙（禁止遗漏）"是计算物品数量时应遵守的重要原则。也就是说，数过1次的不可再数（禁止重复）、已有的不能漏掉（禁止遗漏）。图形的原则和计数的原则是一样的，很有趣吧？

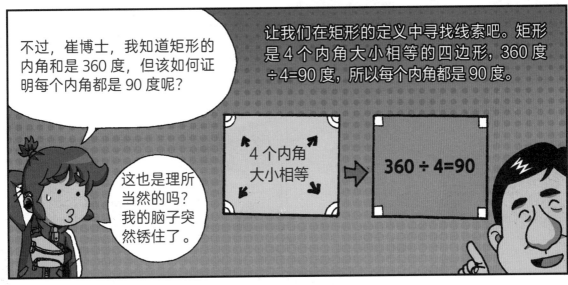

不过，崔博士，我知道矩形的内角和是360度，但该如何证明每个内角都是90度呢？

让我们在矩形的定义中寻找线索吧。矩形是4个内角大小相等的四边形，360度÷4=90度，所以每个内角都是90度。

这也是理所当然的吗？我的脑子突然锈住了。

4个内角大小相等

360 ÷ 4=90

啊，我明白了！除法只能用于平分。刚才说矩形的4个内角大小相等，也就是说将360度分成4份！概念连接起来了！

啊！我也知道啊！

哦，真棒！

三角形卡

大家都到齐了啊。

我们正在等你呢。

师父！

您来了？

关于八大高手，我有新的线索了。

真的吗？

魔团消失了，对吧？

是的，就在我们面前被抓进了黑暗谷。

不过，有一点很奇怪。

我依然能感受到和消失的魔团相似的能量。

啊？不会吧，我们亲眼看到他被抓走了呀？

莫非魔团又回来了？

现在还不知道。不过，你们一定要有所防备。

啊，好的！

咦？

丁零

什么呀？！智力竞赛的主办方给我发信息了！

真的吗？

"选拔最优秀数学人才的智力竞赛诚挚邀请您来参加。如果觉得自己是数学人才，请一定要来挑战。比赛形式为2人1组，输入以下邀请码就能立即参加预选赛。——制作人马道秀。"

怎么会这样？！马道秀竟然是制作人！

有点儿不对劲！

他说2人1组对吧？宇智，宝润，你们要不要参加？

正面对决！

好的！我们会伪装成选手，彻底调查！

打开软件，输入邀请码！

然后申请参赛！

欢迎来到智力竞赛！

很好，预选赛开始了。

好紧张……会是什么题目呢？

紧张

题目出来了！

请说出能证明三角形的内角和为180度的方法？

什么呀！怎么是一样的题目啊？！

也太没诚意了吧！

不，快看！时间变短了！必须在5分钟内输入答案！

难道主办方看出我们已经知道答案了？

快输入！

嗒嗒嗒嗒嗒

马代表，一切正在按计划进行吗？

是的，有条不紊地进行着。参赛者快到齐了，决赛即将开始。

好期待啊，哼哼哼！

数学魔法小课堂

多边形的内角

·首尾衔接的概念·

第 1 章	第 2 章	第 3 章	第 4 章	第 5 章
多边形的内角	**无缝拼接①**	**无缝拼接②**	**镶嵌**	**等周长多边形的面积比较**
四边形的内角和是多少度？	如果要用多个同种图形进行拼接，能够无缝拼接的正多边形只有3种。	将2种以上的图形组合起来，也可以无缝拼接。	改变图形的形状，就可以无缝拼接。	周长相等的多边形中，边数一定时，面积最大的是正多边形。周长相等的正多边形中，边数越多，面积越大。

① 三角形的内角和

三角形有 3 条边、3 个角和 3 个顶点。

三角形的内角和始终是 180 度。

方法 1：将三角形的 3 个角剪下来，拼接在一起，使其顶点重合。

方法 2：将三角形的 3 个角向内折叠，使其相交于同一点上。

> 3 个角加起来是 180 度的话，就能拼接成 1 个平角（平角的两边在 1 条直线上）。剪开后再拼接，果然如此！

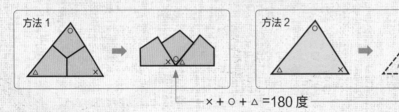

×＋○＋△＝180 度

② 四边形的内角和

四边形有 4 条边、4 个内角和 4 个顶点。

四边形的内角和始终为 360 度。

方法 1：将四边形沿对角线分割开，会得到 2 个三角形，所以四边形的内角和为 180 度 ×2=360 度。

方法 1

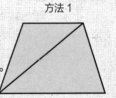

四边形的内角和为 360 度。

方法 2：将四边形分成 4 个部分，将原本的 4 个角拼在一起，使其顶点重合，会形成 1 个圆。

方法2

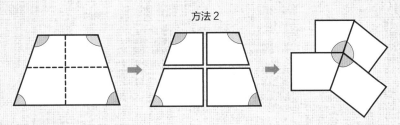

四边形的内角和为360度。

崔博士问答时间!

　为什么矩形的内角一定是 90 度?

　　在学校里，大家都学过矩形的四个内角都是直角这个知识点。现在，我们可以用矩形的内角和为 360 度来解释这个问题。矩形的准确定义是 "4 个内角大小相等的四边形"，既然 4 个内角大小相等，就可以用除法来计算，也就是 360÷4=90，所以矩形的每个内角都是 90 度。

　有没有不用分割就能证明三角形的内角和是 180 度的方法?

　　有一种利用平行线性质的方法。在平行线中，同位角的大小相等，内错角的大小也相等。如右图所示，从三角形 ABC 的顶点 C 出发，画一条与边 AB 平行的线 CE，延长 BC，由于∠BAC=∠ACE（内错角），∠ABC=∠ECD（同位角），相当于三角形的 3 个角构成了 1 个平角。所以三角形的内角和是 180 度。

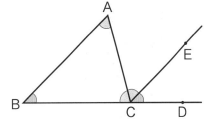

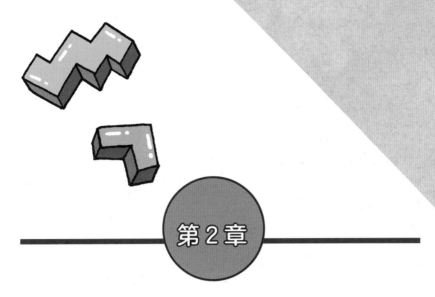

第 2 章

首轮较量！
无缝拼接的正多边形

无缝拼接①

今天下午两点在数理市艺术中心进行第一轮竞赛，请准时到达赛场。

选在休息日进行比赛，还真是神秘呀。

居然在比赛开始前才用短信告知比赛地点，而且我们不知道对手是谁，这是故意让我们无法提前准备。

智力竞赛规则说明
参赛队伍之间进行循环赛，
胜率最高的队伍将获得冠军。

冠军队伍会得到首届智
力竞赛王冠，并获得由
比赛赞助方提供的丰厚
奖金。

一共有多少支队伍参加
决赛？决赛的题目是什
么？如何分出胜负？根
本没有提及这些事。

这意味着主办方可以操纵每
一场比赛。越来越可疑了。

比赛的时候总能找到
线索吧？

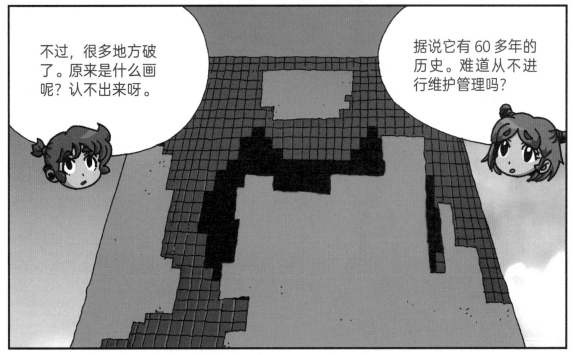

48

这种不舒服的感觉是怎么回事？

叮咚！现在是下午两点整！

来数理市艺术中心参加智力竞赛的队伍到齐了吗？

现在，决赛正式开始！

吓我一跳！

宇智，看来决赛要开始了！

好的！

我旁边的这位是本次大赛的主办人、赞助人——古蜂会长!

他是一位白手起家的优秀建筑师,退休后担任六角财团的理事长。

古蜂会长从图形中获得灵感,设计了许多建筑。

为了寻找像他一样在生活中处处都能发现数学知识的创意性人才,他特意举办了本次大赛!

原来主办者另有其人。

好像是个普通人啊？他和马道秀的阴谋有关吗？

现在，我来说明一下比赛规则。

决赛将在数理市的历史建筑中举行。在每轮比赛中，会长都会亲自

提出与该建筑有关的问题，并且亲自判定正误、选出获胜队伍。

摄像机1 摄像机2 摄像机3 摄像机4

总之就是按主办人的意思来嘛。还有这样的比赛吗？

所以才会秘密进行啊。

那么，我来介绍一下参赛队伍！首先是数学魔法师队的全宇智和韩宝润！他们是在视频网站上拥有百万订阅者的人气创作者。

是我们呀！

52

哎呀，好累啊。作为留学归来的人，我们为什么要参加这种不上档次的比赛？

马道秀代表特意邀请了我们，没办法，就当是来玩的吧。嘻嘻嘻。

说什么呢？！留学归来？不上档次？他们不知道谦虚是什么意思吧？

别管只会耍嘴皮子的小孩子。

什……什么？！只会耍嘴皮子？

怒

气

喂！那个叫什么数学魔法师还是数学蘑菇的！

这家伙居然拿我们的名字开玩笑！

还说自己是人气创作者，你们也就在小地方有名吧？

没错！

今天我们要用国际化的实力教训你们，你们应该感到荣幸！

各位，请集中精神，现在开始出题。

什么实力？！给我看看！

好啊，我们来较量吧！

请听题！

嗯……

那幅瓷砖壁画是用小块瓷砖拼成的。这些瓷砖可以无缝隙、不重叠地拼在一起。

那么，我的问题是——

世界上有很多种正多边形，用多个同种正多边形进行拼接，能无缝拼接的正多边形是什么？

咦？！

果然是证明题。

正多边形就是正三角形、正四边形、正五边形这类图形吧？那就是要找出其中可以无缝拼接的正多边形。

这和之前预选赛的题目不是一样的原理吗?

没错。就像将四边形分割成 4 个部分后再重新组合,使 4 个角的顶点重合,就能构成 360 度。只要找到分割、重组后,内角顶点重合且能构成 360 度的图形就可以!

360 度

那么正确答案是……

你给我走开!

啊!

宇宙数学队知道答案!

哐当

举手

答案是正方形!只用正方形就能无缝拼接!

噔噔

嗬!

回答正确!

哈哈哈哈!

你……你这家伙!

气得发抖

你竟然推我!真卑鄙!

怎么样,你感受到实力差距了吗?

怒气冲冲

等等!这就说完了吗?请用数学逻辑说明哦。

什么?还得说明吗?

支支吾吾

好机会!

数学魔法师队作答!是正三角形和正方形!我可以说明原因!

举手

可恶!

58

将 6 个正三角形拼在一起，使其顶点重合，可以构成 360 度。

360 度

将 4 个正方形用同样的方法进行拼接，也能构成 360 度。

360 度

为什么学我？！

你听他说完！

要想用多个同种正多边形实现无缝拼接，必须选择拼在一起后能构成 360 度的图形。

180 度

360 度

正三角形的内角是 60 度，将 6 个正三角形拼在一起就是 60 度 ×6=360 度。因此，仅用正三角形就可以无缝拼接。

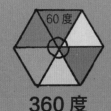

60 度

360 度

正方形的内角是 90 度，将 4 个正方形拼在一起就是 90 度 ×4=360 度。因此，仅用正方形也能无缝拼接。

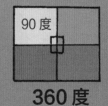

90 度

360 度

数学魔法师队回答正确！

太棒啦！

被……被打败了！

会……会长，那这一场到底算谁赢呢？

还没结束呢，正确答案没说全。

笨蛋，被小地方的高手上了一课，感觉怎么样啊？

冷静点儿，神童。比赛还没结束呢！

你……你这家伙！

你给我站住！

比赛还没结束呢，你们在干什么？！

嘿嘿！就连跑步也输给我？

气死我了！

咳咳！

呼呼

气喘

什么啊？！墙上的脏东西都弄到我的衣服上了！

哎呀！本来就烦着呢！

砰

喂！为什么要拿瓷砖壁画撒气？那是件珍贵的作品！

嘿嘿嘿！真是活该。用脚踢那么硬的墙，真是个傻瓜！

哎哟！我的脚！

嗖
嗖
嗖
嗖

喂！我要教训你！

傻瓜！傻瓜！

嗖
嗖
嗖

宇智，你看那边！

怎么了？

护目镜是什么时候戴上的？

喵呜！

妈呀！于神童身后有怪物！

它长着猫的头、蛇的身体啊！

猫头蛇！那是猫头蛇！

猫头蛇？第一次听说这种怪物。

喂！你看什么？！

喂！你身后……

喵呜！

呼 呼

怎……怎么回事？

感觉好奇怪啊。

它喷出一股奇怪的烟，然后逃走了！

嗖

嗖

真卑鄙！

什么怪物跑得这么快？

为……为什么身体这么沉啊？

我突然头昏眼花……

一定是因为猫头蛇喷的烟！先救这两个人吧！

等等！

宝润，比完赛再救，怎么样？

什……什么啊？！

数学魔法师队申请回答！

又……又是数学魔法师队！请回答。

?

3个或4个正五边形都无法构成360度，所以不符合要求。不过……

3个正六边形拼在一起，可以构成360度。

现在，我来用数学逻辑进行说明。首先，我们要知道正五边形和正六边形内角的大小，对吧?

 60度　 90度　 ?　 ?

想算出正五边形或正六边形的内角大小，该怎么做呢? 我们可以从三角形的内角和为180度着手。

正五边形可以被分割成3个三角形，所以正五边形的内角和是180度×3=540度。

正六边形可以被分割成4个三角形，所以正六边形的内角和是180度×4=720度。

540度÷5=108度

720度÷6=120度

因为正五边形的内角大小相等，所以每个角都是108度。

因为正六边形的内角大小相等，所以每个角都是120度。

但是，无论几个108度都无法构成360度，所以正五边形不符合要求!

3个120度加起来正好是360度。

3个108度加起来不够360度，拼起来会有空隙。

4个108度加起来大于360度，拼起来会有重合的部分。

既没有空隙，也不会重叠。

所以正六边形也是正确答案之一!

你快说，我答得对不对？

那……那个。

回答正确！

太棒了！

本轮比赛由数学魔法师队获胜。他们不仅答出了所有正确答案，还能用数学逻辑进行说明。

竟……竟然会这样！

哇！我们赢啦！

我们取得了一场胜利！

大……大家辛苦了。第一轮比赛到此结束，请两支队伍准备进行下一轮比赛。

啪啪

嗯，不愧是数学魔法师，名副其实啊。

66

发呆

比赛已经结束了，这下该救他们了吧?

那我们得找到消失的猫头蛇。

几分钟后

东看看

西望望

刚才明明往这边来了呀。

地上怎么会有这么多垃圾?

咦?这是数理市艺术中心的宣传册，好像是以前用的。

宣传册?

哇!

怎么了?

67

首尾衔接的概念

第1章	第2章	第3章	第4章	第5章
多边形的内角 四边形的内角和是多少度?	**无缝拼接①** 如果要用多个同种图形进行拼接,能够无缝拼接的正多边形只有3种。 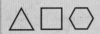	**无缝拼接②** 将2种以上的图形组合起来,也可以无缝拼接。	**镶嵌** 改变图形的形状,就可以无缝拼接。	**等周长多边形的面积比较** 周长相等的多边形中,边数一定时,面积最大的是正多边形。周长相等的正多边形中,边数越多,面积越大。

① 用多个同种正多边形无缝拼接

正三角形、正方形和正六边形都可以无缝拼接。

要想无缝拼接,最重要的是确保多个该正多边形拼在一起且有1个共同的顶点时,能构成360度。

正三角形的内角为60度,6个正三角形就能构成360度;正方形的内角为90度,4个正方形能构成360度;正六边形的内角为120度,3个正六边形就能构成360度。所以,它们都可以无缝拼接。

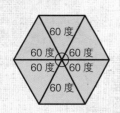

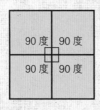

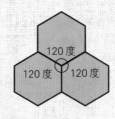

> 只要能构成360度就可以呀!那其他正多边形怎么样呢?

② 其他正多边形也能无缝拼接吗?

正多边形中,仅用1种图形就能无缝拼接的只有正三角形、正方形和正六边形。

正五边形的内角为 108 度，3 个正五边形能构成 324 度，加起来比 360 度小；4 个正五边形能构成 432 度，加起来比 360 度大，都不能无缝拼接。

从正七边形开始，每个图形的内角都大于 120 度，3 个图形拼在一起就会大于 360 度，所以都不能无缝拼接。

324度

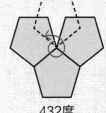
432度

崔博士问答时间！

 听说图形中也有和计数相关的原则，是什么呢？

不同的数学领域中存在共同原则。计数的原则是不重复数（禁止重复）、不漏数（禁止漏掉）。在图形领域，也应该遵守这一原则。日常生活中，如果人行道上有重复、突出的地砖，很容易绊倒行人；如果人行道上缺失了地砖，行人会有崴脚的危险。所以，计数的原则也适用于在人行道上铺设地砖的情况。

 怎样才能得出正五边形的每个内角为 108 度这个结论呢？

先求出正五边形的内角和，由于正五边形的内角大小相等，所以可以用除法求出每个内角的大小。如图所示，将正五边形分割成 3 个三角形。因为所有三角形的内角和都是 180 度，所以正五边形的内角和为 180 度 ×3=540 度。用 540 度除以 5，就能得出正五边形的每个内角为 108 度。

第3章

难度升级！
瓷砖店里的组合拼接

无缝拼接②

78

嗯，我对她的实力很好奇。

她连预选赛都是靠我们的帮助才通过的，实力显而易见。

池慧秀选手，你是因为父亲才来参加比赛的，是吗？

是的，我是为了父亲来参加比赛的。

为了父亲？

似乎有什么隐情呀。

哼，有实力的人不会总把父母挂在嘴边！

你说够了吗？

好了，好了，冷静点儿。

详细的故事有机会再听吧，现在我要出题了。

请大家看脚下的地面。

能看到上面铺满了瓷砖吗？

是和瓷砖有关的问题吗？

流汗

请大家试着想象一下吧。

从现在开始，大家是铺瓷砖的工匠。

一位顾客说喜欢正七边形和正八边形的瓷砖，要求用这两种瓷砖铺地面。

问题是——用正七边形和正八边形瓷砖能否无缝拼接呢？

!!

和上一轮的题目差不多！这不是明摆着对宇宙数学队更有利吗？

这也太不公平了吧。

嘻嘻

嘿嘿。

那个叫池慧秀的孩子……
这应该是她的第一场比赛，
肯定不容易。

这个问题确实
相当难呀。

嗬，你看她的表情，
好像很惊慌。

慧……慧秀，
该怎么办呀？

宇宙数学队
知道答案！

举

手

好的，于神童选手！
请回答！

用正七边形和正八边形都不可能！我来用数学逻辑进行说明。

正七边形能被分割成 5 个三角形，因此正七边形的内角和为 180 度 ×5=900 度！

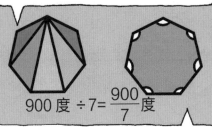

900 度 ÷7=$\frac{900}{7}$ 度

由于正七边形的所有内角大小相等，因此每个内角都是 $\frac{900}{7}$ 度。

无论多少个 $\frac{900}{7}$ 度都无法构成 360 度，因此正七边形不可能无缝拼接！

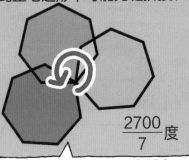

$\frac{2700}{7}$ 度

3 个正七边形拼在一起是 $\frac{2700}{7}$ 度，大于 360 度。

正八边形能被分割成 6 个三角形，因此正八边形的内角和为 180 度 ×6=1080 度！

1080 度 ÷8=135 度

由于正八边形的所有内角大小相等，因此每个内角都是 135 度。

无论多少个 135 度都无法构成 360 度，因此正八边形也不可能无缝拼接！

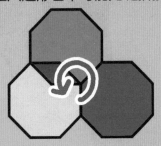

405 度

3 个正八边形拼在一起是 405 度，大于 360 度。

也就是说，将正七边形或正八边形的瓷砖贴在一起，会有重合和凸起的部分，因此不能无缝拼接。

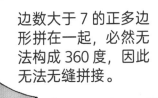

边数大于 7 的正多边形拼在一起，必然无法构成 360 度，因此无法无缝拼接。

不过，万一……

那位顾客很固执……

因为特别喜欢正八边形瓷砖，

要求你们必须用正八边形瓷砖铺地面，你们会怎么做呢？

天哪！

咣

什……什么问题呀？！

叮

锵

!!

真让人无语。这种不可能实现的要求怎么答应啊？我肯定不会同意啊！

竟然会出这种不像话的题目！难道古蜂会长就是那个不讲理的顾客？

喂！会长能听到！

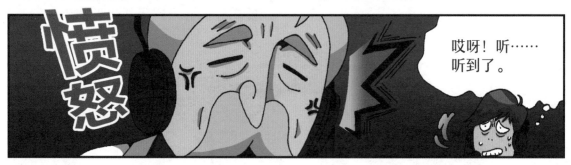

哎呀！听……听到了。

于神童选手，你刚才说什么？

会……会长，别冲动。

于神童选手，请回答！

哎呀！好像听到了。

哈哈！于神童那张嘴总惹麻烦！

于神童选手！

那个……

话说回来，我有办法解决这个问题。

什么？正八边形也可以吗？

怎么做？

希望池慧秀可以想出来。

啪

嗯，让我回想一下当时的感觉。

按照当时的感觉……

冷静

①将 3 个正八边形拼起来，构成的角大于 360 度，所以会有重合的部分。

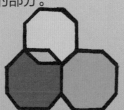

②将 2 个正八边形拼起来，构成的角是 270 度，离 360 度还差 90 度。

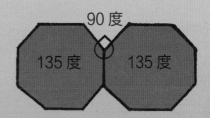

③因为正方形的每个内角都是 90 度，所以只要在两个正八边形中间放 1 个正方形，就能构成 360 度。

135 度 ×2+90 度 =360 度

④也就是说，2 个正八边形和 1 个正方形拼在一起，就可以无缝拼接。

这样就可以按照那位顾客的想法，用正八边形瓷砖铺地面！

做得好，就是这样！

什么呀，真的吗？

哈哈！

太不像话了！您没说可以用 2 种多边形啊？！

喵呜！

是……是猫头蛇！

它又出现了！

又是你这家伙！真让人讨厌！

呼
呼
呼

怒气冲冲

啊！怎么突然怒火中烧？

这个比赛太荒谬了！我不会就此罢休的！

明明是我先回答了问题！所以无论如何都是我赢了！

什么啊？

那个……他说得有道理。池慧秀选手是听完于神童选手的答案才找到了新答案。

嗯……

哪有这么强词夺理的？！

确实是这样。但于神童选手也是因为在上一轮比赛中听到了数学魔法师队的答案，这次才能快速地回答问题。

嚯！这……这都记得！

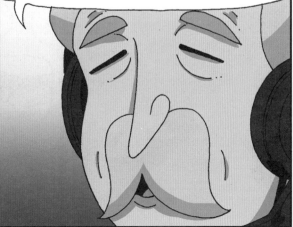

既然要选的话，比起头脑聪明的选手，我更想选内心温暖的选手作为获胜者。

本轮比赛的获胜队伍是竞赛之梦队。

啊!

这就对了!

完蛋了!

好的，本轮比赛的获胜者是竞赛之梦队的池慧秀选手和池圆子选手。

竞赛之梦队请做好下一轮比赛的准备。

宇宙数学队竟然连败两场。很遗憾，你们被淘汰了。

啊！怎么会这样？

竟然在这种不上档次的比赛中被淘汰！

太丢人了！快回去吧！

嗖

嗖

哈哈，原来他们逃跑的实力才是世界第一。

那……那是什么啊？！
要……要躲开啊！

啊！

抓到了！就算变成泥鳅
那么小也无法逃脱！

几分钟后

多亏了你们，我才赢了。

我认可你们的数学实力了。

当时在路上瞧不起你们，对不起。

哼，现在总算有点儿礼貌了。

你也是 12 岁吗？我们是同龄人。

是吗？那我们做朋友吧。

好的，现在我们是朋友了。

喂！怎么突然变成朋友了？

103

·首尾衔接的概念·

第 1 章

多边形的内角

四边形的内角和是多少度?

第 2 章

无缝拼接①

如果要用多个同种图形进行拼接,能够无缝拼接的正多边形只有3种。

△ □ ⬡

第 3 章

无缝拼接②

将2种以上的图形组合起来,也可以无缝拼接。

第 4 章

镶嵌

改变图形的形状,就可以无缝拼接。

第 5 章

等周长多边形的面积比较

周长相等的多边形中,边数一定时,面积最大的是正多边形。周长相等的正多边形中,边数越多,面积越大。

① 正六边形的人行道地砖

在日常生活中,正六边形的人行道地砖很常见。

 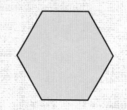 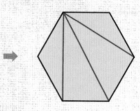

从这张人行道地砖的照片中可以看出,每个顶点聚集了 3 个正六边形。因为这些砖块都是无缝拼接的,可以推测出 3 个正六边形正好构成 360 度。由于 3 个角大小相等,可以得出每个角的度数为 360 度 ÷3=120 度。如果将正六边形分割成 4 个三角形,由三角形的内角和为 180 度可得,正六边形的内角和为 180 度 ×4=720 度,因此,正六角形的每个内角为 120 度。

> 等等,只用 1 种图形填充的话,有点儿无趣,能不能混合使用其他图形呢?

② 用 2 种图形拼接而成的人行道地砖

人行道地砖中有时也会出现多种图形，如右图所示，出现了

正八边形和正方形的地砖。先计算正八边形的每个内角是多少度。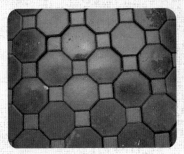

将正八边形分割成 6 个三角形，由于三角形的内角和为 180 度，

所以正八边形的内角和为 180 度 ×6=1080 度，即正八边形的每

个内角为 1080 度 ÷8=135 度。2 个正八边形可以构成 270 度，

离 360 度还差 90 度，刚好可以由正方形的 1 个内角填满，真是绝妙的构造。

 还有其他包含 2 种图形的人行道地砖吗？

当然有，右图中是包含正六边形和正三角形的人行道地砖，
每个顶点聚集着 2 个正三角形和 2 个正六边形。让我们来计算一
下它们是如何构成 360 度的吧！ 2 个正三角形的内角加起来是
120 度，2 个正六边形的内角加起来是 240 度，最后加起来就是
360 度。

 人行道地砖可以包含 3 种图形吗？

右图中的人行道地砖就包含 3 种图形，在古老的宫殿或庭院中可以见到。如图所
示，每个顶点聚集着 1 个正方形、1 个正六边形和 1 个正十二边形。正方形的每个内

角为 90 度，正六边形的每个内角为 120 度，因此，正十二边形的

每个内角为 360 度 −90 度 −120 度 =150 度。也可以换个角度思考：

正十二边形可以被分割成 10 个三角形，可知正十二边形的内角和

为 1800 度，因此，正十二边形的每个内角为 1800÷12=150 度。

第4章

化繁为简！
复杂图案的镶嵌秘密

镶嵌

第二轮比赛的地点竟然是服装回收厂。

又要出什么奇怪的问题呢?

我很好奇对手是谁。可能是很强的队伍。

只要不是池慧秀就行,我不想再见到她。

狼吞虎咽

嗯,不知道慧秀怎么样了。

不过,你一直在吃什么呀?

啊!

唰

你吃慢点儿!别噎着。

这可是我爸爸从山上弄回来的野蜂蜜,很珍贵的。我要全吃光。

野蜂蜜?

是那种野生的蜂蜜吗?

听说昨天我爸爸去爬山的时候想起了我爱吃蜂蜜，所以就带回来了。

宇智，这可是非常珍贵的野蜂蜜，尝尝吧。

爸爸，你脸上的伤……

他被蜜蜂蜇了吗？！

那个嘛……

他说他点了火驱赶蜜蜂……

蜜蜂一闻到烟味就惊慌失措地逃跑了！这时快速将蜂蜜……

着火了！

嗡嗡嗡

好神奇。

也让我尝尝吧。

都吃完了，没有了！

你这么自私，小心拉肚子！

吃了这么珍贵的东西，怎么可能会拉肚子？

嗒嗒嗒

嘿嘿！

吃了蜂蜜，充满力气！哈哈哈！

喂！等等我！

请注意！现在是下午一点整！

在数理市服装回收厂比赛的队伍到齐了吗？

要开始了！

你们想知道为什么比赛地点选在服装回收厂吗？

我来说明一下原因。

嘿嘿。

很高兴再次见到大家。

现在大家已经知道，能够无缝拼接的正多边形只有正三角形、正方形和正六边形。

这家服装回收厂以利用多边形图案制作花纹布料而闻名，但有趣的是……

他们用的并不是正三角形或正方形，而是普通的三角形和四边形。

这能行吗？好像很难呀。

你们可以看看周围的布料。

天哪！慧秀，你快看，是真的。

我还是不明白。

……

我知道原因，我来解释一下。

非常好，先发制人。

即使是内角大小和边长各不相同的三角形或四边形，

只要拼在一起能构成 360 度，就能无缝拼接。

内角的大小不一样，怎样才能构成 360 度呢？
画一画就清楚了。

以任意三角形为例，因为三角形的内角和为 180 度，所以三角形的 3 个内角拼在一起是 180 度。如果每个角各使用 2 次，就能拼成 360 度。

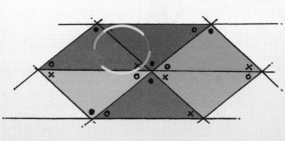

因此，无论三角形的 3 个内角有多大、3 条边有多长，用 6 个该三角形都能无缝拼接。

现在来看看四边形的情况。在平行四边形中，相对的 2 个内角一样大，平行四边形的 4 个内角加起来是 360 度。

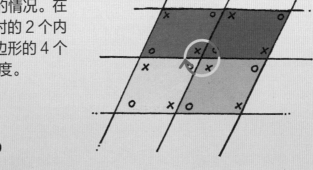

那么，非平行四边形的其他四边形也能无缝拼接吗？

翻转

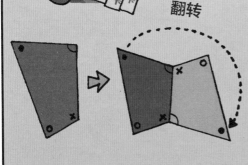

对于内角大小和边的长度各不相等的四边形，只要像图中这样将 4 个该四边形翻转、拼接，就可以构成 360 度。也就是说，四边形的内角和为 360 度！

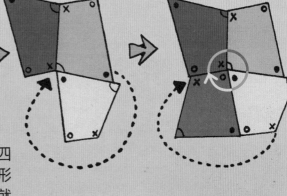

怎么样，没想到吧？

原来是这样，画一画确实就明白了。

好神奇。

韩宝润选手，你真棒。不过，这么大方地告诉对手，不太合适吧？

哎哟！

没错！韩宝润，别再说了！

没关系！我们是朋友嘛。

亲切

拦不住啊。

哎呀。

啊！

真是得寸进尺！

把比赛当成什么了！

真是个单纯的学生，哈哈。

咦？

不过，看这些布料的花纹……

有蝴蝶、马、蜥蜴，都是画上去的。

是呀，好神奇。

画得很精致呀。

是吧？

……

……

她……她这是怎么了？哭了吗？

惊

117

为什么会哭呢？这块蜥蜴花纹的布料是不是有什么问题啊？

发麻

啊！

这股气息……

总觉得哪里不对劲。

好，现在出第一道题。

宇智！开始了。

啊！现在？

其实，人们对于用普通的三角形和四边形可以制作多样的花纹这件事，

是不太能理解的。

大家看到这幅图了吗？

这是常见的人行道地砖。

是的，刚才在来的路上也见到了。

看起来是个复杂的图形，但实际上是矩形的变形体。

真的吗？！

那么，题目是——它是如何变形的？请说明过程。

大家也可以使用工厂里的布料辅助思考。

!!

这个很简单。按照刚才宝润说的去做就可以！

宝润刚才说的？是什么来着？

我是不是太紧张了？什么都想不起来！

数学魔法师队申请回答！

四边形内角

119

哎呀，我们从普通的矩形开始吧。如图所示，改变一条边，另一条边也要进行同样的改变。

如果改变左边那条边，也要同样地改变右边那条边。

如果改变上面那条边，也要同样地改变下面那条边。

像这样将图形上的所有点都按某个直线方向移动同样的距离，叫作平移。

像这样，让长和宽发生相同的变化，

和原图形一样，变化后的图形也可以拼接在一起。

说明完毕！

真厉害！回答正确。

太棒了！

哎哟！可恶的家伙们！

哈哈哈！

宇智和宝润果然很厉害。

慧秀，我们输了吗？

现在还不知道呢。

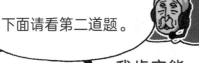

下面请看第二道题。

请注意！请注意！

我肯定能答对！

让图形的边发生变化，使其可以无缝拼接的行为叫作镶嵌。

镶嵌

也就是密铺，即用图形不重叠、无缝隙地拼接在一起，和大家正在解答的题目一样。

荷兰画家埃舍尔利用镶嵌做出了很多作品。

这里有一些非常棒的镶嵌画。

画面由蝴蝶、蜥蜴和马的图案填满。这些画的基本图案是三角形、四边形和六边形。

哇！这些复杂的画竟然只用了3种基本图形？

请听题！

这 3 种花纹分别由哪种图形变形而成？请说明变形过程！

在……在这些复杂的图形里找出基本图形？

这可不容易呀。

……

这个……

我最清楚了。

慧秀居然知道？

答案是什么？

池慧秀选手，请回答。

从蝴蝶花纹开始吧。要找出基本图形，只要看看进行了怎样的变化。

蝴蝶花纹是三角形的变形体。

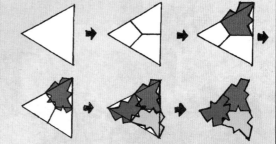

左边和右边形状相同。

马的花纹是四边形的变形体。

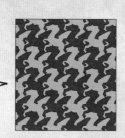

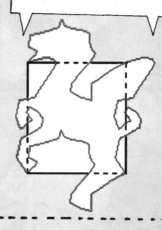

上边和下边形状相同。

蜥蜴花纹是六边形的变形体。

翻转

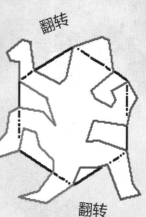

翻转

总结一下，蝴蝶花纹是三角形的变形体，马的花纹是四边形的变形体，蜥蜴花纹是六边形的变形体。

回答正确!

答对啦!慧秀答对啦!

唉,好不容易打平了。

哎哟,竟然能答对这么难的题目!

确实得认可她的实力。

好神奇,你怎么这么快就知道答案呀?

那个嘛……

其实,我爸爸生前就在这里工作,当时他是负责设计布料花纹的设计师。

我爸爸热爱数学,尤其是图形。在工厂设计布料的花纹时也喜欢使用各种图形元素。

我从小就经常在爸爸旁边看他设计这些花纹。

啊，原来如此。

这种蜥蜴花纹是爸爸最喜欢的。

……

唉。

咕噜噜

哎哟，我的肚子！

吓我一跳！你怎么了？

我……我也不知道，难道刚才吃的野蜂蜜有问题？我得去趟洗手间。

咕咕咕

喂！我们休息十分钟吧！我肚子疼！

什……什么呀？

咕咕咕

快点儿！我真的很急！

好……好吧！那就休息十分钟。请大家在一点半之前集合。

啊啊啊啊啊！

嗒嗒嗒

真像个傻瓜！

几分钟后

吃珍贵的野蜂蜜时那么神气，现在拉肚子了吧！

爸爸，对不起。

呜呜

都怪我提起爸爸的事，影响大家了吧？

不是的！

比起这个，你应该每次看到这些布料都会想起你爸爸吧。

是呀。进工厂里一看，更让我想念爸爸。

唉。

噼啪

啊！

126

布料上有……有火花？

你没事吧？

又有一股奇怪的气息，和刚才摸布料时感受到的气息一样。

什么？真的吗？那么……

啊！

果然……

嗷嗷！

这次是蜥蜴怪物吗？

好像是蜥蜴怪物！

嘿！

啊！

蜥蜴怪物！
快投降吧！

你没事吧，慧秀？

谢……
谢谢你。

你竟敢割断我的
舌头！

我警告过
你了！

你这家伙警告
谁呢！

咝咝咝

天哪！舌头竟然变
成手的形状了！

咣

嗷嗷！

130

啊！

都从我家里滚出去！

你休想！

哎哟！

宝润，你没事吧？！

你竟敢招惹我的朋友！你今天死定了！

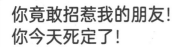
咿？

咕咕咕

这……这种时候又要拉肚子？

泥鳅一样的家伙！我看你这回往哪儿躲！

唰！唰！

嗬！

我要把你的力气也吸光！

……

哇！

咳咳！这……这么厉害的家伙第一次见！

咦？肚子好像不疼了。

现在该我反击了！正好利用今天学到的知识。

平移卡

六边形卡

出击！

!!

唰唰

快吞下去吧！

砰

吞

!!

下

蜥蜴怪物！变成六边形！

咚

哎哟！

成功了！

咣

咣

咣

咣

骨碌骨碌

宇……宇智成功了。

咣

我来收尾!

拜托你了!

蜥蜴怪物封印成功!

呼——

几分钟后

咳咳!

慧秀,你没事吧?

又欠你们人情了。

朋友之间谈什么人情。

听说你们是抓怪物的数学魔法师,我还是第一次见到。

现在才知道吗？快打起精神来，还得继续比赛呢。我们今天比完吧。

不。

已经够了，到此为止吧。

什么？！

我爸爸很喜欢数学，一开始我很想为了他赢下比赛。不过，我现在意识到拿冠军并不是最重要的事。

遇到你们之后，你们帮了我好几次，

让我理解了数学的价值。多亏了你们，我觉得自己成长了。

走到这一步，天上的爸爸也会很开心吧。

从现在开始，我支持数学魔法师队获胜。

哎呀！

数学魔法小课堂  镶嵌

首尾衔接的概念

第①章	第②章	第③章	第④章	第⑤章
多边形的内角	**无缝拼接①**	**无缝拼接②**	**镶嵌**	**等周长多边形的面积比较**
四边形的内角和是多少度？	如果要用多个同种图形进行拼接，能够无缝拼接的正多边形只有3种。	将2种以上的图形组合起来，也可以无缝拼接。	改变图形的形状，就可以无缝拼接。	周长相等的多边形中，边数一定时，面积最大的是正多边形。周长相等的正多边形中，边数越多，面积越大。

① 镶嵌

将图形不重叠、无缝隙地拼在一起的方法叫作镶嵌，简单来说就是密铺。在正多边形中，可以实现镶嵌的只有正三角形、正方形和正六边形。我们在周围的建筑物、布料、地毯、壁纸上都能见到镶嵌的图形。

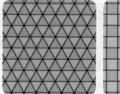 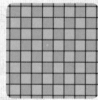 

② 蝴蝶、马、蜥蜴等图形的镶嵌

荷兰画家埃舍尔以正三角形、正方形、正六边形为基本图形，通过平移、翻转等方法，重复使用同样的图案，创作了不同的镶嵌画。看看下面的镶嵌画，这些就是用蝴蝶、马、蜥蜴图案创作的漂亮的镶嵌画。

天哪！太漂亮了！只用一种图案就能画出这么漂亮的花纹！

136

非正三角形的三角形可以镶嵌吗？

任何三角形都可以实现镶嵌。因为三角形的内角和为 180 度，所以三角形的 3 个内角拼在一起是 180 度。如果每个角各使用 2 次，就能拼成 360 度。因此，无论是什么样的三角形，用 6 个该三角形就能不重叠、无缝隙地拼接起来。此外，虽然平行四边形的每个内角不一定是 90 度，但平行四边形的 4 个内角加起来是 360 度。因此，无论平行四边形的形状如何，用 4 个该平行四边形就能不重叠、无缝隙地拼接起来。

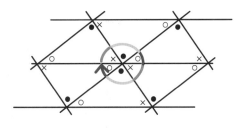 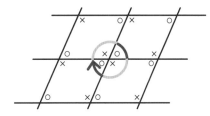

 不是平行四边形的四边形也可以实现镶嵌吗？

乍一看，不规则的普通四边形似乎不能无缝拼接。但四边形的内角和为 360 度，只要像图中这样将 4 个四边形翻转、拼接，就可以构成 360 度。也就是说，用 4 个该四边形就可以不重叠、无缝隙地拼接起来。

   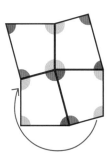

第 5 章

群蜂飞舞！
大自然里的几何智慧

等周长多边形的面积比较

你现在要放弃比赛吗？！

是的。虽然挺突然的，但希望大家能理解。

嘿嘿，轻松取得两场胜利。

这不是重点吧。

你忘了吗？我们来这里又不是为了夺冠。你就这样毁掉了数学人才的梦想，像话吗？

虽……虽然你说得没错……

哼，真没毅力。

你真那么想的话……

等等！

!!

!!

本次比赛不允许弃权。

我不同意的话，比赛不会结束！请大家一起完成最后一道题。

可……可是！

下……下一个地点？

什么？

这道题将决定胜负，请大家去下一个地点。

太好了，慧秀！

你也别再有任何压力了，好好表现吧。

嗯……嗯？

这是维护我们名誉的事。

是吗？那……那我们一起加油吧。

141

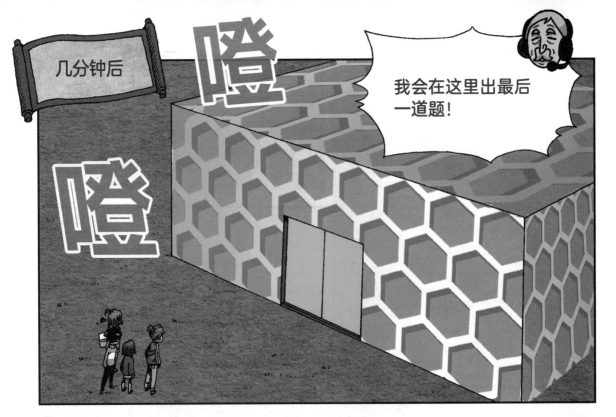

几分钟后

嘎

嘎

我会在这里出最后一道题！

这栋建筑的墙面好像蜂巢。

都是正六边形的图案。

我感受到一种奇怪的执着。

古蜂会长为什么带我们来这里？

各位选手，如果大家想体会图形的伟大之处，就请看看大自然吧！

我们都称蜜蜂为数学家，因为它们只建造正六边形的蜂巢。

蜂巢为什么都是正六边形的呢？

能用数学逻辑解释这一问题的人就是今天的赢家。

!!

可是我们又不是蜜蜂，怎么会知道呢？

慧秀，你怎么看？

嗯……

蜜蜂在蜂巢里储存蜂蜜，如果蜂巢有空隙，蜂蜜可能会漏出来。

说得很有道理。所以这个问题和铺瓷砖的问题有关，是差不多的类型。

看来出题人真的很喜欢图形。

……

只能用1种正多边形时，只有正三角形、正方形及正六边形可以无缝拼接。我想我们应该弄清楚为什么要在这3种图形中选择正六边形来建造蜂巢。

没错，蜜蜂从大自然中寻找材料建造蜂巢，它们肯定希望尽量用最少的材料建造出最大的蜂巢。

因此，它们选择了既能完美地构筑蜂巢，

又是周长相等的前提下3个图形中面积最大的那个图形。

不过，你怎么知道正六边形的面积最大呢？

嘿嘿，我来说明一下。

只要求出这 3 种图形的面积，进行比较就可以。

如果要求图形的面积，

就用单位面积卡来解决吧。

噔 噔

全宇智魔法师马上带你找到答案！

唰

……

你在干什么？

奇怪，怎么没有提示？

哈哈哈！

怎么回事呀？

难道用单位面积很难比较吗？

认真

145

看来要用其他数学概念。

其他概念?

我们把问题稍微改一下吧。

用同样长的线段画图形,

能画出来的面积最大的图形是什么?

这是什么意思呀?

也就是说,我们要求出周长相等的正三角形、正方形和正六边形的面积,再进行比较!

哇,你是怎么想到的?!真厉害。

啊,什么呀?!

谢……谢谢你。

谁……谁想不出来似的。真正动手做的人更优秀!

那你试试看呀。

你以为我不会吗?

146

24 米

假设要用 24 米长的铁丝网建造鸡舍。

先做个矩形的吧，哪个矩形的面积最大呢？

请看下面的图。

如图所示，正方形的面积最大，为 36 平方米。

①细长的矩形

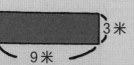
3 米
9 米

9 米 × 3 米 = 27 平方米

②匀称的矩形

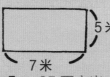
5 米
7 米

7m × 5m = 35 平方米

③正方形

6 米
6 米

6m × 6m = 36 平方米

也就是说，周长相等的多边形中，正多边形的面积最大。

现在我们来比较正三角形、正方形和正六边形的面积。

可以将正六边形分割成 6 个三角形来求面积。

高约 3.5 米
4 米

①正三角形

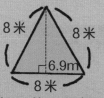
8 米   8 米
6.9m
8 米

8 米 × 约 6.9 米 × $\frac{1}{2}$
= 约 27.6 平方米

②正方形

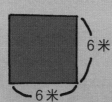
6 米
6 米

6 米 × 6 米
= 36 平方米

③正六边形

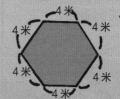
4 米 4 米
4 米   4 米
4 米 4 米

4 米 × 约 3.5 米 × $\frac{1}{2}$ × 6 个
= 约 42 平方米

如图所示，正六边形的面积最大，约为 42 平方米。

由此推断，在周长相等的正多边形中，边数越多，面积越大。这是因为在周长相等的图形中，圆的面积最大，而正多边形的边数越多，越接近圆。

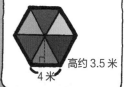

我明白了！所以，当图形的周长相等时，面积最大的图形是……

如果必须是四边形，

那么当所有边长都相等时面积最大，即正方形的面积最大。

 3米 9米 5米 7米 6米 6米

如果是正多边形，但不限制图形的形状，

那么图形的边数越多，面积越大。所以，在正三角形、正方形和正六边形中，正六边形的面积最大。

 8米 8米 8米 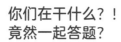 6米 6米 4米 4米 4米 4米 4米 4米

这就是蜜蜂将蜂巢建造成正六边形的原因。

完美的推理！慧秀真厉害！

有……有点儿不好意思。

我也承认。

你们在干什么？！竟然一起答题？

你们不知道这是比赛吗？

你们到底有没有比赛意识啊？！

啊，没错。这场比赛一定要决出胜负。

……

哎呀，最后一道题就算两队都答对了吧。

精彩的平局，多好呀！

什……什么？！

之前说过，比赛的结果由古蜂会长决定，请各位遵守规则。

真是不知变通！胜负有什么重要的！只要结果好就行了啊！

什……什么？！

生气

就不能随意一些吗？

在这种无人知晓的小型比赛中获胜，也没什么好处。

喂，喂！你说话小心点儿。

!!

听说你们是数学魔法师，我还以为有多了不起呢。

现在看来，品性差劲得很。

他……他的声音突然变了？

你……你是八大高手？

魔团的儿子？

为了给父亲报仇，我自愿加入了八大高手。

这个智力竞赛实际上是吸引你们的诱饵。

说实话，作为热爱图形和建筑的顶级魔法师，我对你们很感兴趣。但是，现在看来，你们不过是一群连基本知识都不懂的毛孩子。

难怪总觉得很可疑！

是你操纵猫头蛇和蜥蜴怪物来攻击我们的！

没错。

不过这回的怪物可没那么容易对付！

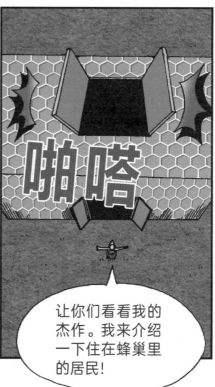

让你们看看我的杰作。我来介绍一下住在蜂巢里的居民！

又出来什么东西了！

152

没错！它们是从可怕的黑暗谷中直接召唤出来的怪物。

它们绝对不会放过那些试图逃离黑暗谷的罪人！

啊！

好烫！

我要让你们也尝尝我父亲在黑暗谷里所受的折磨！

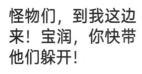

怪物们，到我这边来！宝润，你快带他们躲开！

你们快躲进去！

好，我们知道了。

啊！

怪物们，快走开！

火烧

火燎

咣

我们被包围了！哎哟！好烫啊！

啪啪啪啪

你能用万能卡做些什么吗?

我被蜂针攻击得睁不开眼睛!

你刚才不是说吃了野蜂蜜很有力气吗?!你的力气都去哪里了?

野蜂蜜?!

对了,爸爸是那样做的!

宇智,要想驱赶蜜蜂,用烟是最有效的。

一张变成干草, 一张变成火焰!

合体!

156

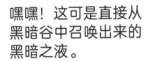

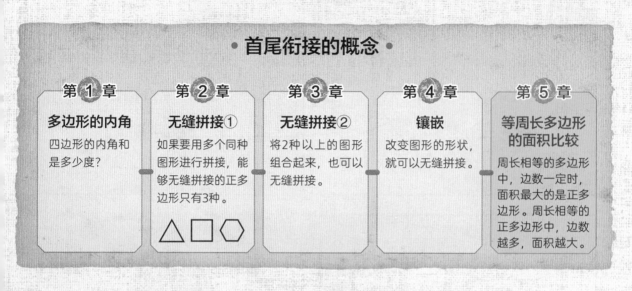

·首尾衔接的概念·

第1章	第2章	第3章	第4章	第5章
多边形的内角	**无缝拼接①**	**无缝拼接②**	**镶嵌**	**等周长多边形的面积比较**
四边形的内角和是多少度？	如果要用多个同种图形进行拼接，能够无缝拼接的正多边形只有3种。	将2种以上的图形组合起来，也可以无缝拼接。	改变图形的形状，就可以无缝拼接。	周长相等的多边形中，边数一定时，面积最大的是正多边形。周长相等的正多边形中，边数越多，面积越大。

① 周长相等的矩形（多边形）中，面积最大的是正方形（正多边形）

在周长相等的矩形中，面积最大的是所有边长相等的正方形。

如图所示，有3个周长为24米的矩形，它们的面积分别为27平方米、35平方米、36平方米。可以看出，长和宽相等的矩形——正方形的面积最大。

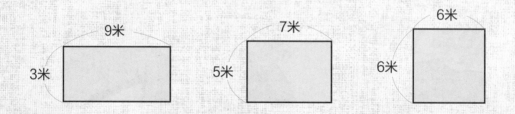

② 周长相等的正多边形中，边数越多，面积越大

周长相等的正多边形中，边数越多，面积越大。因此，等周长图形中面积最大的是圆。比较一下周长同为24米的正三角形、正方形、正六边形的面积。

①正三角形　　②正方形　　③正六边形

正三角形的边长为 8 米，正方形的边长为 6 米，正六边形的边长为 4 米。正三角形的面积公式为 $\frac{\sqrt{3}}{4}$ × 边长 ^{2}，而正六边形可以被分割为 6 个正三角形，这样就能求出 3 个图形的面积。

①正三角形的面积为 $\frac{\sqrt{3}}{4}$ × 8^2=16 × $\sqrt{3}$ ≈ 27.7 平方米。

②正方形的面积为 6×6=36 平方米。

③正六边形的面积为 $\frac{\sqrt{3}}{4}$ × 4^2×6=24 × $\sqrt{3}$ ≈ 41.6 平方米。

由此可知，3 个图形中正六边形的面积最大。

$\sqrt{}$（根号）是不是在哪里见过？看看计算器上的按键吧！这个概念初中会学到。

崔博士问答时间！

 为什么蜜蜂被称为数学家?

蜂巢呈正六边形结构。在正多边形中，只有正三角形、正方形和正六边形能无空隙、不重叠地拼接起来。用同样多的材料建造蜂巢时，正六边形结构的面积最大。因为蜜蜂要从外面搬运材料建造蜂巢，所以它们希望尽量用最少的材料建造最大的蜂巢。于是，它们机智地建造了正六边形的蜂巢，这就是它们被称为数学家的原因。

 周长相等的图形中，圆的面积最大，那蜂巢为什么不是圆形的呢?

在周长相等的图形中，圆的面积最大。但是，如果蜂巢是圆形的，就会出现空隙，蜜蜂储存在蜂巢里的蜂蜜会漏出来。蜂巢的内部结构必须无缝衔接，所以蜜蜂不会将蜂巢建造成圆形的。

思维导图四

内角

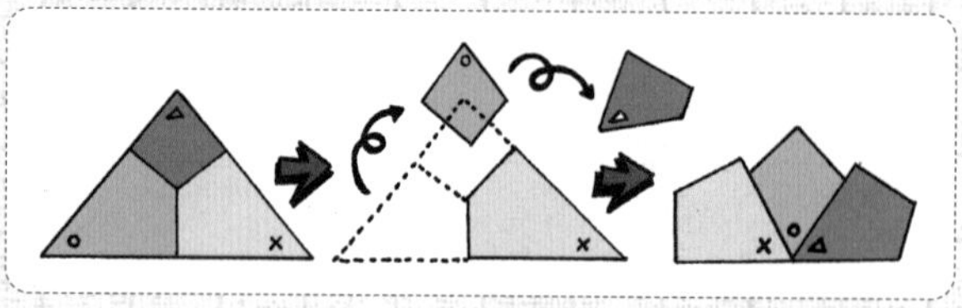

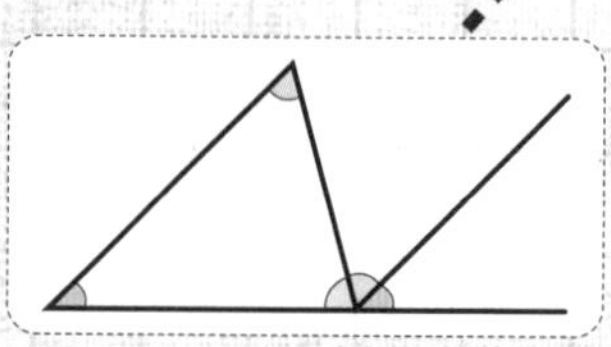

已经好好掌握了三角形的内角和为什么是 180 度了吧？只要知道这一点，求其他正多边形的内角和就会易如反掌。

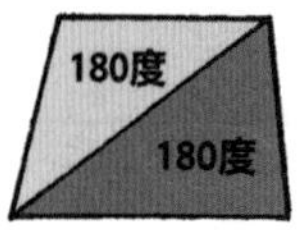

三角形
180 度

180 度 ×2=360 度

360 度

四边形
360 度

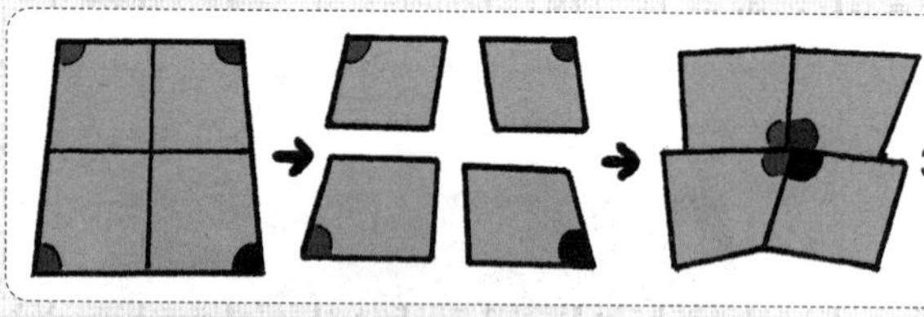

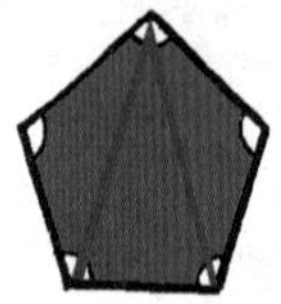

五边形
180 度 ×3=540 度

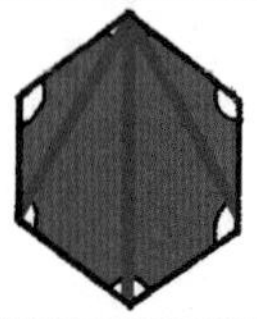

六边形
180 度 ×4=720 度

五边形，六边形

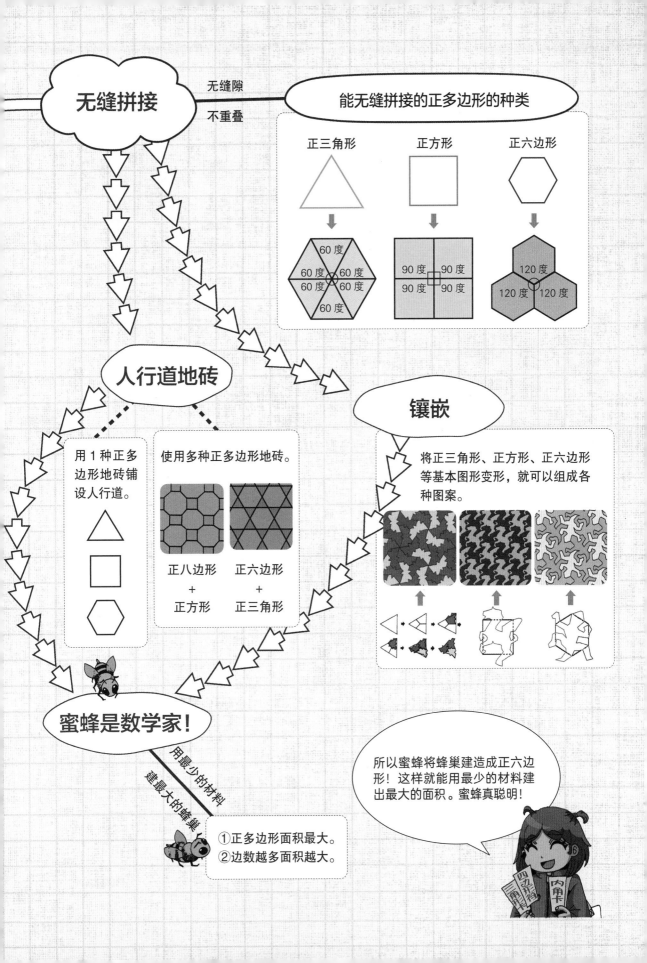

图书在版编目（CIP）数据

数学打怪大冒险. 图形镶嵌 ／（韩）李韩律著 ；
（韩）崔水日编 ；（韩）丁贤熙绘 ；赵子媛译. -- 济南 ：
山东人民出版社，2022.11
　　ISBN 978-7-209-14043-0

　　Ⅰ. ①数… Ⅱ. ①李… ②崔… ③丁… ④赵… Ⅲ.
①数学-儿童读物 Ⅳ. ①O1-49

中国版本图书馆CIP数据核字(2022)第179324号

山东省版权局著作权合同登记号　图字：15-2022-148

数学打怪大冒险·图形镶嵌
SHUXUE DAGUAI DAMAOXIAN TUXING XIANGQIAN
[韩]崔水日 编　　[韩]李韩律 著　　[韩]丁贤熙 绘　　赵子媛 译

主管单位　山东出版传媒股份有限公司
出版发行　山东人民出版社
出 版 人　胡长青
社　　址　济南市市中区舜耕路517号
邮　　编　250003
电　　话　总编室（0531）82098914
　　　　　市场部（0531）82098027
网　　址　http://www.sd-book.com.cn
印　　装　天津丰富彩艺印刷有限公司
经　　销　新华书店

规　　格　16开（185mm×255mm）
印　　张　10.5
字　　数　131千字
版　　次　2022年11月第1版
印　　次　2022年11月第1次
ISBN 978-7-209-14043-0
定　　价　228.00元（全4册）
　　　　　如有印装质量问题，请与出版社总编室联系调换。